全国化工高级技工学校教材编审委员会

高级技工学校教材

过程仪表安装与维护

汪兴云　主编
周建宏　主审

化学工业出版社
教材出版中心
·北京·

图书在版编目（CIP）数据

过程仪表安装与维护/汪兴云主编. —北京：化学工
业出版社，2006.1（2025.8重印）
ISBN 978-7-5025-8074-2

Ⅰ. 过… Ⅱ. 汪… Ⅲ. ①化工仪表—安装②化工
仪表—维修 Ⅳ. TQ056.1

中国版本图书馆 CIP 数据核字（2005）第 157924 号

责任编辑：张建茹 唐旭华　　　　　　　文字编辑：宋 薇
责任校对：蒋 宇　　　　　　　　　　　封面设计：于 兵

出版发行：化学工业出版社 教材出版中心（北京市东城区青年湖南街 13 号 邮政编码 100011）
印　　装：北京建宏印刷有限公司
787mm×1092mm 1/16 印张 9 字数 205 千字 2025 年 8 月北京第 1 版第 9 次印刷

购书咨询：010-64518888　　　　　　　售后服务：010-64518899
网　　址：http://www.cip.com.cn
凡购买本书，如有缺损质量问题，本社销售中心负责调换。

定　　价：25.00 元　　　　　　　　　　　　　　　版权所有　违者必究

前　言

　　《过程仪表安装与维护》是根据劳动社会保障部组织编写的高级技工教学计划，由全国化工高级技工教育教学指导委员会组织编写的高级技工电气、仪表类专业的统编教材。

　　本书注重联系生产、施工工作实际，注重培养学生实际工作技能，提高其专业应变能力和综合素质，为学生今后从事生产过程自动化技术工作打下坚实的基础。

　　全书分两篇。第一篇是过程仪表安装，着重介绍仪表安装施工特点，施工过程，仪表施工图的识读，仪表盘（柜、台）和辅助装置安装，仪表管道、线路安装，现场仪表安装，集散系统、现场总线系统的安装，仪表安装常用材料及加工件，仪表试验和工程交工验收等。第二篇是仪表维护，着重介绍仪表维护的特点、标准、日常维护工作，仪表检测系统与控制系统的故障分析与处理，DCS、FCS 系统的故障诊断与处理，智能化仪表常见故障与处理。

　　本书由汪兴云主编，并编写第一篇。第二篇由解西钢编写。全书由周建宏主审。

　　本书在编写过程中得到了中国化工教育协会、化学工业出版社、全国化工高级技工教育教学指导委员会及有关学校的大力支持和帮助，在此表示衷心的感谢。

　　由于编者的实践经验和水平有限，不妥之处在所难免，敬请使用本书的老师和读者给予批评指正。

编　者

2005 年 10 月

目　录

第二篇　过程仪表的维护

绪　　论

为了提高生产效率和经济效益，生产过程自动化仪表控制技术，广泛应用于化工、石油、冶金、电力、建筑、陶瓷、制药、轻纺和食品等行业。随着科学技术的发展，自动化程度不断提高，仪表自动控制系统的运用更加广泛，自动化仪表工程投资占建设工程总投资的比例也在逐步上升。自动化技术飞速发展，对自动化仪表安装与维护提出了更高的要求。

一、仪表安装方面

仪表安装，就是仪表施工人员，根据设计文件和施工规范的要求，将仪表安装于生产现场，并开通投入运行的完整过程。

仪表安装施工人员，不仅要掌握各类仪表基本工作原理、校准和调整方法，还应该懂得自动化仪表工程安装施工规范、施工程序。学会看施工图，掌握安装技能。同时还要具备钳工、管工、电工、焊工和起重等工种的一般工艺知识和技能，懂得安全施工常识，牢记安全施工重要性，严格按施工图、施工规范施工，使自动化仪表工程安全可靠、测量准确、维修方便、整齐美观。

二、仪表维护方面

仪表维护包含日常维护和修理两个方面的工作。仪表使用过程中，只有按照仪表技术特性、遵循操作规程、严格进行日常维护和保养，才能使自动化仪表在自动化生产中准确、正常、有效地运行。

仪表维护人员不仅要了解和熟悉被检控对象的状况和仪表工作的环境，还要熟悉和掌握仪表结构、工作原理及性能。不断总结和积累仪表维修经验，会使用智能仪表自诊断功能，在工作中迅速准确分析判断故障原因，及时予以排除，保证生产安全、优质、高效、正常进行。

第一篇

过程仪表安装

第一章 仪表安装基础知识

第一节 仪表工程施工特点

一、仪表工程在建设工程中的地位

一个新建设工程一般组成如表 1-1 所示。

表 1-1 建设工程组成一览表

建设工程	土建工程	建筑厂房	
		建筑工艺设备基础和道路	
	工艺工程	工艺设备安装	动力设备安装
			工艺设备安装
		工艺管道安装	工艺介质管道安装
			供水、供气管道安装
	电气工程	生产供电系统安装	
		照明系统安装	
	仪表工程	仪表安装	
		仪表试验	单台仪表标准和调整
			回路、系统试验
	辅助工程	水暖、保温	
		探伤	
		车辆运输	

　　化工生产中所有的反应都是在密封容器、反应器等工艺设备和管道中进行的,而且许多是在高温、高压状态下进行的,不少介质还具有易燃易爆和腐蚀性质。无法用肉眼观察,更不能用手感触,只能通过仪表来检测工艺生产压力、流量、物体和温度参数。而且可以把检测到的参数记录下来。仪表在这里起到人眼的作用。同时将检测到的信号传递给控制装置进行分析比较,再将分析比较结果传递给执行机构,执行调节和控制,从而完成生产的自动化。所以自动化仪表称为现代化生产的"眼睛"和"神经中枢",仪表工程是任何化工自动化生产建设工程中不可缺少的一个重要组成部分。随着科学技术的发展,生产自动化程度的提高,仪表工程投资在整个工程总投资中所占的比例也在逐步提高。同时,仪表工程在整个建设工程中的地位也在逐步提高,从而引起各个方面的高度重视。

二、仪表施工的特点

1. 无定型设计,无固定施工模式

由于建筑单位(乙方)承建工程项目不同,如承建化肥厂、化纤厂、炼油厂和制药厂等。设计单位也不同,有化工设计院、石油设计院和国外设计院。新建的厂房、工艺设备、工艺管道和工艺流程各不相同,采用仪表的类型和厂家也不同。所以,没有固定设计,也就没有固定的施工模式。每个工程项目,仪表工程施工应根据施工组织设计和施工方案进行组织，对复杂、关键的安装和试验工作应编制施工技术方案。

仪表工程主要依据是施工图和《自动化仪表工程施工及验收规范》（GB 50093—2002）施工。在设计图纸上，标明仪表管线的走向、控制点的位置和标高，每一块表的具体位置，有时要根据现场具体情况决定。所以要求施工人员必须具有仪表工作原理、使用方法、注意事项等方面的基础知识，而且了解它们对工艺的要求，这样才能领会仪表安装中技术要求和设计意图。施工现场情况是多变的，仪表工要随时了解土建、电气及工艺设备、管道等工程进度，以便相互协调，相互配合施工。例如：土建工程预留楼板穿孔时，应配合其核对尺寸，确定位置是否符合仪表设计图纸的要求。土建打地坪之前，应将仪表的预埋管、预埋件安装固定好等，要根据现场实际情况，灵活掌握住仪表施工的时机。

2. 施工综合性强

从施工开始到工程结束，仪表工程施工要与其他工种密切配合。例如：制作支架、焊接管子，要与电焊工、气焊工配合；控制阀、节流装置法兰安装要与管工配合；烟道蝶阀安装要与铆工配合；阀门试压要与钳工配合；盘面喷漆、防腐保温要与油工、保温工配合；搬运起吊较重设备要与起重工配合；联锁动作试验要与电工配合等。

为了在施工中能得心应手，仪表工不仅要掌握本工种安装知识和技能，还要掌握有关工种基本技术，如焊工、电工、管子、钳工、起重和油漆等工种的一般工艺知识和技能。

3. 与工艺联系密切

仪表测量调节控制都是为工艺生产服务的。仪表的取源部件、节流装置，有的流量测量仪表、执行器等都直接安装在工艺设备上或管道上。现在，有些部分是工艺直接安装的，仪表工要树立以工艺为主的思想。当仪表安装与工艺安装发生矛盾时，应该服从工艺。例如仪表的管道与工艺管道在安装时发生矛盾，仪表应主动修改（小管让大管）。但是，如果发现工艺安装对仪表测量准确性有影响时，仪表施工人员应主动向设计部门提出，然后根据设计"变更联络签"进行修改。

4. 施工工期短，施工工期晚

仪表安装现场施工，一般要在工艺设备安装完 90％以上，工艺管道安装 60％～70％左右时才能进行。而且要求仪表安装工作在工艺试压和单体试车前基本结束，并配合工艺进行试车投运。

由于工期晚、时间短，所以，在进入现场施工前要充分做好准备，认真熟悉图纸和有关技术文件，组织好施工力量，做好施工（材料）物资准备工作，合理制定施工进度。施工中严格把握各环节的施工质量关，避免返工现象，保证施工进度按计划进行，不影响工艺设备、管道的试压和试车投运。

三、仪表安装工的要求

仪表从单元组合仪表、集散控制系统到现场总线控制系统，仪表的造价越来越高，精度等级越来越高，安装质量要求也越来越高。这样，对仪表安装工人的文化素质、技术水平提出了越来越高的要求。以前，工地上流传着一段顺口溜："紧车工、慢钳工，吊儿郎当是电工，最神秘的是仪表工。"之所以称最神秘的是仪表工，就是说仪表工需要学习和掌握比其他工种更多的知识和技术，而不是高人一等，出色的仪表安装工都有以下共同的特点：刻苦钻研，细心好学，认真肯干，有令人佩服的"本领"；他们还掌握钳工、管工、电工、管工、焊工、起重工等有关工种的操作技能。总之，对仪表安装工的要求有以下几点。

（一）严格按施工图和施工验收规范进行施工

仪表施工图纸是仪表工程施工的依据，施工验收规范是施工的标准。仪表安装工必须学会看图。不会看施工图的仪表工，干活时等于"睁眼瞎"，没有一点主动权，只能听别人指挥。所以在进行现场施工之前，应该看懂、看透所承担工号的施工图纸，否则就无法施工。

施工中必须按照施工图和施工验收规范要求严格进行施工，否则开通投入运行时将出现各种问题，如：

（1）不看图纸，开穿墙孔位置与工艺管道"打架"造成返工；

（2）气源管不吹扫，接通仪表后，杂质进入气动表内堵塞气路，仪表无法指示。气源管安装后不试漏，到处漏气，造成仪表误差加大；

（3）穿线管内有毛刺，穿线时，划破导线的绝缘层，造成动力电源、信号短路或接地；

（4）阀门或测量管不试压，加压后出现破裂或泄漏；

（5）防爆仪表接线口没有密封好，安装后又不容易检查出来，留下事故隐患；

（6）未仔细核对电缆根数，接线时才发现少线，要开槽盒盖板或挖电缆沟重放，造成返工。

（二）勤学苦练，掌握过硬基本技能

由于仪表工程是一项综合工作，需要仪表安装工具有多种工种的操作技能，如电工、钳工、电焊、管工、起重等工种的基本技能，这些工种的基本技能和基本工艺知识，平时不勤学苦练是掌握不了的。同时，仪表也是不断发展的，更新速度非常快，也需要仪表工不断更新自己的知识，及时跟上仪表发展的步伐。所以要求仪表安装工（要）不断学习，勤学苦练，掌握过硬的基本技能。

（三）安全施工意识强

由于施工现场人员多，各工种交叉作业多，高空作业多，现场比较杂乱，所以更需要重视安全。安全生产各种规定都是用血的教训换来的。如进入现场要戴安全帽；高空作业要戴安全带；使用钻床严禁戴手套；电气设备接地要可靠；禁火区动用电气焊，要办动火证。都必须引起高度重视，自始至终牢记安全生产。只有树立了安全生产的意识，才能在施工中确保人身和设备的安全。

国家劳动保护部门，对安全工作有许多规定，各行业、各工种也有其具体的规定。新工人入厂时要进行三级教育——厂级、队级和班组安全知识的教育。每周一施工队要召开安全会，仪表安装工人必须认真学习安全知识，警钟长鸣，随时随地注意安全生产，确保施工安全。

（四）质量第一，高度责任感

建设单位（如炼油厂、化工厂）称为甲方，基建单位（化建公司）称为乙方，乙方建筑安装，甲方使用。

基建单位（乙方）应该本着对用户负责，对国家财产高度负责的原则，同时为了顺利试车投运、顺利交工生产，必须精心施工。每一步工作都应确保施工质量，为下一步施工打好基础，马虎施工，不负责任，不仅给今后甲方生产埋下危险的隐患，给操作和维修造成不便，而且会给自己下一步施工带来麻烦，例如：

（1）仪表一次单体校准时不准确，二次联校误差增加，一次校准时中发现问题不记录，也不及时解决，二次联校时，几块仪表联在一起就更难查找问题。

（2）仪表管道焊接前，焊接后不检查，结果出现堵塞或漏气现象，二次联校时就无法进行，系统无法开通投入运行。

（3）仪表盘底座，固定孔位置开得不准确，表盘就不能顺利固定就位。

（4）配管时，尺寸量得不准确，连接不符合要求，有可能造成泄漏，而且不美观。

（5）编号标记挂错位置，造成接线错误，使仪表误动作。

仪表有的部件虽然小巧，但是生产的神经中枢出不得半点差错，不可轻视。例如：一次元件安装不符合技术要求，有可能会造成很大的检测误差；又如在高压设备上施工，任何马虎或不按规程办事，都会产生事故隐患，甚至会产生重大事故。所以施工时要高标准、严要求、确保安装质量。衡量仪表工程施工质量好坏，可用十六个字作为标准：安全可靠；测量准确；维护方便；整齐美观。

第二节　仪表工程施工过程

仪表工程工期一般可分为四个主要阶段，即施工准备阶段、现场施工阶段、仪表开通投入运行阶段和交接验收阶段。

一、施工准备阶段

准备工作进行得充分与否，对施工安装质量和施工进度具有决定性的影响。施工准备工作主要有以下工作。

① 组织施工力量。

② 施工技术准备。

③ 技术资料准备。

④ 物资准备。

⑤ 仪表设备及材料的检验和保管。

⑥ 施工工具、机具和标准仪器、仪表的准备，其他安装工作准备等。

（一）组织施工力量

根据仪表工程设计预估工作量，来配备管理岗位和技术人员，配备安装人员，成立安装施工小组，对施工人员进行必要的岗前培训，配合必需的施工工具和设备，建立修配、加工间和办公室等。

（二）技术资料准备

技术资料准备指安装施工资料的准备，包括施工图、常用的标准图、自控安装图册《自动化仪表安装工程施工及验收规范》（GB 50093—2002）、质量评定标准和有关表格以及有关手册准备。

施工图是施工依据，是交接验收的依据，也是编制施工预算和工程结算的主要依据，施工图具体内容见本章第三节。

施工验收规范是在施工中必须遵守的技术要求和施工规范。执行什么规范，一般在开工前，即在施工准备阶段必须同建设单位商定。通常国家标准《自动化仪表工程施工及验收规范》（GB 50093—2002）是设计、施工、建设三方面都接受的标准。

对于引进项目，在签订合同时，应该明确执行什么标准以及执行标准的深度。若采用国外标准，还应弄清与国内标准（规范）的差异，便于在施工中掌握。

质量评定工作是施工过程中，特别是施工结束时必须完成的一个工作。目前，还没有与《自动化仪表工程施工及验收规范》（GB 50093—2002）配套的评定标准，仍执行《自动化仪表安装工程质量检验评定标准》（GBJ 131—90）。对质量验评标准，各部门、各行业之间会有不同的要求，在施工准备阶段，必须同建设单位商定。

竣工时要向建设单位交付两件东西：一件是一套完整无缺的能够按设计要求进行运转的装置，这是硬件；另一件是按合同和规范要求交出的一套完整的竣工资料，这是软件。现在对软件的要求越来越高，完整的资料包括一些表格资料，因此，施工前表格资料的准备是一件重要的事。

表格资料主要分两类：一类是施工表格，它是如实记录施工过程中工程施工情况的表格，一般由工程管理部门负责；另一类表格是质量记录表格，它是如实记录施工过程中质量管理和质量情况的表格，一般由质量管理部门负责。

施工表格与《自动化仪表安装工程施工验收规范》（GB 50093—2002）配套使用。施工表格又可分为两类：一类是施工记录表格，如隐蔽工程记录、节流装置安装记录、导压管吹扫、试压、脱脂、防腐、保温等；另一类是仪表校准调整试验记录表格，如仪表单体校准记录和系统、信号联锁试验记录等。质量验评表格仍与国家标准《自动化仪表安装工程质量检验评定标准》（GBJ 131—90）配套使用。这两类表格是相对独立的。由于行业之间理解深度不一，要求不等，因此与这两个国家标准配套使用的表格也各不相同，但一定要符合建设单位的要求。

（三）施工技术准备

施工技术准备是在资料准备的基础上进行的，具体地说，要做下列施工技术准备工作。

1. 参与施工组织计划的编制

施工组织计划是施工单位拟建工程项目，全面安排施工准备，规划、部署施工活动的指导性技术经济文件。原化工部对编制施工组织设计，就编制内容、编制方法、编制职责、审批程序及权限、组织实施等做了统一规定，参见1993年8月颁布的《化工建设施工组织设计标准》（HG 20235—93）。编制内容主要包括：①编制说明；②建设项目概况简述；③施工部署；④施工方法和施工机械选择；⑤施工总进度控制计划；⑥劳动力需用计划；⑦临时设施规划；⑧施工总平面图布置；⑨施工技术组织措施纲要；⑩各项需要量计划；⑪施工准备工作计划；⑫主要技术经济指标；⑬本工程所采用的主要标准、规程编目；⑭其他项目说明。

施工组织设计由总工程师负责组织自控专业技术员编写。

2. 施工方案的编制

施工方案分为三类。自控专业最重要的方案是中控室仪表的校准和试验方案（集散系统），属于第三类方案。它由施工队自控专业技术负责人编写，项目部（或工程处）、工程部自控专业技术负责人审核，项目部总工程师审批。其他方案，如仪表安装方案，单体标准方案，信号联锁系统试验方案等均属于一、二类方案，由施工队技术员编写，技术组织审核，项目部审批，工程部备案即可。

一个完整的自控技术方案，应包括如下内容：①编制说明；②编制依据；③工程概况；④工程特点；⑤施工技术措施和需要编写的技术方案目录；⑥施工质量计划；⑦安全技术措施；⑧临时设施计划；⑨劳动力计划；⑩施工机具、设备；⑪施工中应执行的标准、规范、规程目录。

主要施工方法和施工工序是方案的核心。质量要求和质量保证措施是方案的基础。这些都是技术方案的重点。

施工方案和施工步骤要具体地写出来，以它为检验方案的标准。

质量保证是方案得以实施的基础。没有质量就没有进度。质量保证措施应尽可能具体和详细，执行工程验收规范要写清楚。

安全技术措施也是方案的一个重点。没有安全技术措施的方案是不完善的施工方案，安全第一应贯穿始终。

3. 两个会审

自控专业的技术准备工作，还包括两个重要的图纸会审。一个是由建设单位牵头，以设计单位为主，施工单位和监理单位参加的设计图纸会审，有以下内容：

（1）查设计文件的完整情况和设计深度；

（2）查控制流程图、系统图、回路图、平面布置图、设备一览表、安装图等在相应仪表的位号、型号、规格、材质、位置等设计中的一致性；

（3）核查系统原理图与接线图的一致性；

（4）核查仪表专业提出的盘柜基础、预埋件、预留孔等条件在土建设计图中的相应位置、尺寸、数量上的符合性；

（5）核查仪表设备和取源部件在设备、管道图中相应位号的型号、规格、材质、位置上的符合性；

（6）核查仪表设备、仪表管线、仪表电缆槽的安装位置与有关专业设施在空间布置上的合理性，是否有打架现象；

（7）核查仪表控制系统相互之间、仪表专业与电气专业相互之间在供电、接地、联锁、信号等相关设计中要求的一致性及连接的正确性；

（8）核对仪表材料数量；

（9）检查设计漏项，防止返工。

另一个图纸会审是由施工单位自行组织的。通常由技术总负责人（总工程师）牵头，主管工程技术的部门具体组织，各专业技术负责人和施工队技术人员参加。自控专业在这个会审中解决的重点是其他专业可能会影响仪表施工的问题。提前发现及时提出来，在施工以前解决，减少返工以免影响工期。

4. 施工技术准备的三个交底

这三个交底分别是设计交底、施工技术交底和工号技术员向施工人员的施工交底。

设计技术交底在施工准备初期进行，由建设单位组织，施工单位参加。设计单位向这两个单位做设计交底。一般由设计技术负责人主讲，然后按专业对口交底。设计交底的主要目的是介绍设计思想、设计意图和设计特点。施工单位参加的目的是更好地了解设计，使以后施工中可能遇到的问题尽快解决。

施工技术交底是由施工单位中主管施工、技术的部门组织，总工程师或项目部、工程处技术负责人向在第一线的施工技术人员的技术交底。包括工程施工任务的具体内容和安排，有关施工工艺、方法、质量、安全、工作程序和记录表格等方面的要求，工程需要时还应进行技术培训。

技术人员向施工人员的技术交底一般在施工中进行。严格地说，不是施工准备的内容。这是一个自控专业工程技术员主讲，具体实施施工人员参加的交底。要针对某一具体工序，向施工人员讲清楚工序衔接、施工要领、达到要求，同时要交代清楚质量要求及执行规范的具体条款；此外还要交代清楚安全要求。这个交底可以是文字的也可以是口头的，但必须要有记录。

5. 划分单位工程

划分单位工程是施工准备的一个重要内容。按项目要求，按建设单位的要求，把所施工的项目划分成单项工程、单位工程、分部工程和分项工程。

单位工程的划分与下一步施工以及交工资料整理都有直接关系。

6. 培训和特殊工具、机具准备

技术准备还有一个重要内容，即对需要的特殊工种培训和特殊需要的工具、机具的准备。

（四）物资准备

物资准备是施工准备的关键。物资准备包括施工图上提及的仪表设备和材料的领取，包括一次仪表，二次仪表，仪表盘（柜），操作台，材料表上的各种型钢、管材、电缆、电线、补偿导线、加工件、紧固件、垫片，还包括图上未提及的消耗材料及一些可预计的材料与设备的准备。

（五）仪表设备及材料的检验和保管

施工前对设备、材料的检验和验证不同于对供应商提供货物的商品检验。设备、材料作为商品的检验，应按照专门的标准和有关合同、协议进行。施工前对设备、材料的检验或验证要求全部进行，有关规定在关于质量体系的 ISO 9000 族标准中有详细描述，并应由建设单位、监理单位和施工单位对检验和验证的程序、职责分工等达成一致。

设备及材料的制造质量反映在外观、结构尺寸和性能等方面，均应符合设计文件和产品技术文件的要求，它直接影响着工程质量。不符合国家法规、标准，不符合设计文件和产品技术文件要求，以及不能保证安装后工程质量的产品不得使用，应及时向有关部门反映。不妥善的保管可能造成设备材料的损伤和短缺。超期储存可能造成某些仪表设备、材料或其中某些元件、部件的性能变化、失效和超过质量保证期。

在施工过程中，应对现场已安装的仪表设备及材料加以保护，通过文明施工和采取有效措施，防止损坏、脏污、丢失等现象发生。

（六）施工工具、机具和校准仪器、仪表的准备

施工进度的快慢，很大程度取决于施工工具和机具，特别工期较紧时，对工具和机具准备要求更高，主要包括常用施工机具、常用工具和常用校准仪器和仪表的准备。具体内容见下一节。

（七）其他安装工作准备

仪表工程施工前，其他专业已在施工，仪表专业要做一些配合土建、工艺施工，将预

埋件、预留孔工作做好，同时将一些可以开展的工作提前做好，如预制仪表盘、箱、柜、台的底座，预制各种支架，到货仪表校准、控制阀试压工作等。

二、现场施工阶段

现场施工一般分为控制室施工和装置现场施工两部分。

1. 控制室施工

控制室施工与其他工种牵连少，一般比装置现场施工早，主要工作有：

(1) 仪表盘、模拟盘、操作台、供电箱、继电箱的安装，包括底座及固定支架的安装；

(2) 仪表气源管、埋地穿线管的敷设；

(3) 安装盘、箱、操作台上的仪表设备和控制装置；

(4) 盘、箱、操作台后的查线与接线。

2. 装置现场施工

装置现场施工要根据现场土建、工艺设备、管道安装情况灵活掌握施工进度，主要工作有：

(1) 安装就地仪表盘、仪表保温箱，包括底座安装和盘（箱）内装表、接线。

(2) 安装接线箱、保护管，包括其固定支架的安装。

(3) 确定控制点位置，安装取源部件和根部阀。

(4) 就地仪表、检测仪表和节流装置的安装。

(5) 电缆槽、管路支架的安装敷设。

(6) 各类仪表管道、电缆敷设。

(7) 仪表管道试压及气密性试验。

(8) 仪表辅助构件、管道的防腐、保温。

三、仪表开通投入运行阶段

在设计文件范围内仪表工程的取源部件，仪表设备和装置，仪表管道，仪表线路，仪表供电、供气、供液系统，均已按设计文件和《自动化仪表工程施工及验收规范》（GB 50093—2002）的规定安装完毕，仪表单台设备的校准和调整合格后，仪表管道吹扫、冲洗、试压、仪表线路通畅之后，可进行仪表工程的回路试验和系统试验。

在仪表工程的回路试验和系统试验进行完毕，并符合设计文件和规范的规定时，即可开通投入运行。

在仪表工程连续48h开通投入运行正常后，即具备交接验收条件。

四、交接验收阶段

在仪表工程具备交接验收条件后，应办理交接验收手续。

交接验收时，应提交下列文件。

① 工程竣工图。

② 设计修改文件和材料代用文件。

③ 隐蔽工程记录。

④ 安装和质量检查记录。

⑤ 绝缘电阻测量记录。

⑥ 接地电阻测量记录。

⑦ 仪表管道脱脂、压力试验记录。

⑧ 仪表设备和材料的产品质量合格证明。

⑨ 仪表校准和试验记录。

⑩ 回路试验和系统试验记录。

⑪ 仪表设备交接清单。

⑫ 未完工程项目明细表。

因客观条件限制未能全部完成的工程，可办理工程交接验收手续，未完工程的施工安排，应按合同的规定进行。

对于石化系统，仪表工程建设交工技术文件应符合 SH 3503—93（中国石油化工总公司发布）标准。也可与厂方签订协议。

仪表施工工序可用图 1-1 表示。

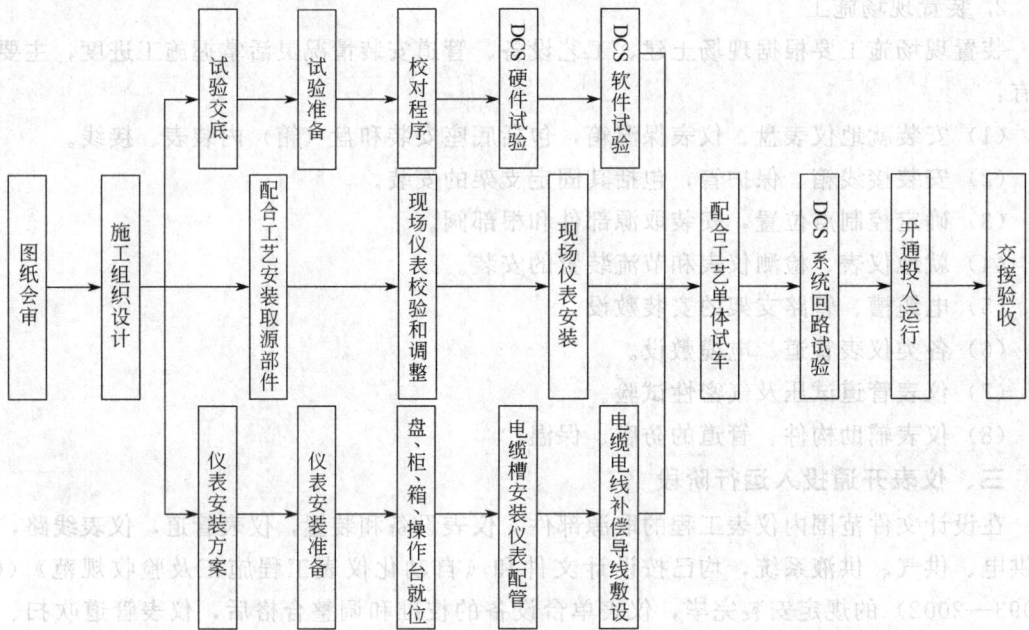

图 1-1 仪表施工工序图

注：本工序以 DCS 系统为例，把 DCS 试验改为常规仪表试验、
FCS 试验，适用于常规仪表系统、FCS 系统

第三节 仪表工程施工机具和材料

俗话说"三分手艺、七分工具"，可见工具在施工中的重要性。施工中要加快施工进度、保证安装质量，不仅要有技术，还必须配备完善的工具、机具，在施工中对工具、机具要妥善管理、正确使用、倍加爱护，使之充分发挥必要的作用。

一、常用工具、机具

1. 常用仪表施工机具

主要包括：①台式钻床；②手电钻；③电动套丝机；④手动切割机；⑤砂轮切割机；

⑥角相磨光机；⑦砂轮机；⑧电锤；⑨冲击电钻；⑩电动弯管机或液压弯管机；⑪手动弯管机；⑫液压开孔机；⑬自制弯管机；⑭电动开孔机；⑮无油润滑压缩机（2m³/min）；⑯打号机。

2．常用几种机具使用注意事项

电动机具加工速度快、效率高。可以提高施工进度，减轻劳动强度。在使用电动机具时应十分注意安全。掌握各种机具的正确操作方法。

（1）台钻　台钻是固定式钻孔机具，仪表施工配备的台钻一般可钻直径为 1～16mm 的孔。

台钻的电机外壳应该有良好的保护接地线，防止触电事故。电机传动带轮必须装防护罩，操作时严禁戴手套，防止发生人身伤亡事故。

装卸钻头应使用钻头钥匙，不能用其他物件敲砸。钻孔时工件下面要垫上木块，用左手固定工件，右手掌握住进钻手柄，进钻时要注意用力均匀，不易过猛，以防损伤钻头。大批量集中钻孔时，要防止钻头退火，可用毛刷蘸水冷却钻头。

（2）手电钻　手电钻是可携带式钻孔机具，手电钻体积小、重量轻、携带方便，适用于场地、工件形状、加工部位等限制不能用台钻进行钻孔的场合。

手电钻额定电压有 220VAC 和 380VAC 两种，使用时应注意不要接错电源，要经常检查电钻的连接线绝缘是否良好，外壳经接地线接地，防止触电事故。当电钻内电刷磨损严重出现较大火花时，应该及时修理。

手电钻钻孔时不容易稳定，操作时应该掌握好力度，开始用力要稍微轻一点。以防止钻头打滑、无法找正开孔位置。定位后可以加重压力进钻，当孔快钻通时，应减轻电钻压力，以防别断钻头。

冲击电钻是一种特殊的电钻，亦为手提式。具有可调节的冲击机构，使钻头能产生单一旋转或旋转带冲击运动。当装上硬质合金钢的麻花钻头便可在砼、磨石、砖瓦等脆性材料上钻孔。

（3）砂轮机　砂轮机是打磨工件时用的机具。有电动型和风动型两种。

砂轮机的砂轮片上必须安装防护罩、砂轮片直径磨损 3/5 时应及时更换、以防断裂。

使用固定砂轮机时，人应该站在砂轮机侧面，以防止轮片断裂飞出时伤人。

（4）切割机　切割机是切割长金属材料的机具，经常用于切割钢材和管材等。切割机体积小、移动比较方便，使用时必须将工件夹紧，持操作杆的手应注意掌握好力度。不可用力过猛，以免损坏切割轮片。

（5）电焊机　电焊机及电焊机电源开关应该放置于不被雨水淋湿的地方。电焊机启动电流比较大。在合电源开关时应该戴上电焊手套，并将面部侧转，避免正面面对电源开关。以防止被电火花烧伤。电焊机暂时停止使用时要及时关闭电源，防止长时间空载烧坏电焊机。

二、常用检验仪器

主要包括：①压力校验器；②氧气表校验器；③活塞式压力计；④0.4 级标准压力表；⑤0.25 级精密台式压力表；⑥0.1 级，0.05 级数字压力计；⑦数字万用表（5 位半）；⑧数字电压表（0.02 级，0～20mA DC）；⑨多功能信号发生器；⑩频率发生器；⑪交直流稳压电源；⑫温度仪表校验仪（包括水浴、油浴、管状炉）；⑬100V 兆欧表；⑭接地电阻测定仪；⑮气动仪表校验仪；⑯手持终端。

三、常用工具

主要包括：①钢丝钳；②尖嘴钳；③台虎钳；④螺丝刀；⑤活扳子；⑥钢卷尺；⑦割管刀；⑧弯管器具；⑨打孔器等。详细见附录。

必须学会正确使用，爱护这些工具。施工中为了方便和减少重复工作，可以自己动手加工、制作，如冲子、錾子，角尺、小型弯管器等一些工具。有些仪表随表还带有一些专用工具。

四、常用材料

常用材料包括：管材、型材、电缆（补偿电缆）、管件、阀门、辅助容器、电气连接件、紧固件和保温材料等，这里只简单介绍管材、型材的种类，见表 1-2。

表 1-2 管材和型材

材 料 名 称	材料规格	材质	备注
管材			
黄铜管	$\phi25\times2$	H62	GB 1529—79
黄铜管	$\phi28\times2$	H62	GB 1529—79
铜管	$\phi6\times1$	铜 T3	GB 1527—87
铜管	$\phi8\times1$	铜 T3	GB 1527—87
气动管缆（带防腐层紫铜管）	$3\times\phi6$	铜 T3	
气动管缆（带防腐层不锈钢管）	$3\times\phi6$	0Cr18Ni10Ti	
无缝钢管	$\phi14\times2$	20	GB 8163—87
无缝钢管	$\phi18\times2$	20	GB 8163—87
无缝钢管	$\phi14\times3$	20	GB 8163—87
无缝钢管	$\phi18\times3$	20	GB 8163—87
冷拔无缝钢管	$\phi14\times2$	0Cr18Ni10Ti	GB 2270—80
冷拔无缝钢管	$\phi18\times2$	0Cr18Ni10Ti	GB 2270—80
高压无缝钢管	$\phi14\times4$	20	GB 6479—86
高压无缝钢管	$\phi19\times5$	20	GB 6479—86
高压无缝钢管	$\phi24\times6$	20	GB 6474—86
全胶管	$\phi6\times1.5$	橡胶	HG 4-404—82
塑料导管	$\phi6\times1$	尼龙 1010	
镀锌焊接钢管	1/2″	Q235-A	GB 3091—82
镀锌焊接钢管	1′	Q235-A	GB 3091—82
绝热型伴热管缆	RWL-112-14×2		
轻型伴热管缆	RWL-221-14×2		
伴热管缆	RWL-322-8×1		
重型伴热管缆	YZS6×1×S-8×1		
型材			
热轧等边角钢	∠25×25×3	Q235-AF	GB 9787—88
热轧等边角钢	∠30×30×4	Q235-AF	GB 9787—88
热轧扁钢	20×2	Q235-AF	GB 704—88
热轧扁钢	20×3	Q235-AF	GB 704—88
圆钢	$\phi6$	Q235-AF	GB 702—86
圆钢	$\phi8$	Q235-AF	GB 702—86
不锈钢圆钢	$\phi6$	0Cr18Ni10Ti	
槽钢	[50×37×4.5	Q235-A	GB 707—88
槽钢	[100×48×5.3	Q235-A	GB 707—88
普通钢板	$\delta=2$	Q235-AF	GB 708—88
普通钢板	$\delta=2.5$	Q235-AF	GB 708—88
不锈钢板	$\delta=4$	0Cr18Ni10Ti	YB 541—70
不锈钢板	$\delta=6$	0Cr18Ni10Ti	YB 541—70
镀锌薄钢板	$\delta=0.3$	Q235-A	
镀锌薄钢板	$\delta=0.5$	Q235-A	

其他材料在相关章节介绍。施工中具体使用何种材料、何种规格，依据施工图来选择。

第四节 仪表施工图

仪表施工图是仪表工程语言，设计人员通过图纸说明设计意图，告诉施工人员如何施工，是仪表工程施工的依据，每一个工程、每一个生产装置区都有一份完整的施工图，仪表施工人员必须学会看施工图。

一、施工图组成

仪表施工图包括图纸目录，施工说明，仪表汇总表，器材规格表，平面图，结构图，接线、接管图，原理图，安装标准图，设计标准图等。

（1）图纸目录　图纸目录是设计人员把全部施工图纸按其编号、图名顺序填入图纸目录表格所得的，同时表上注明建设单位、工程项目、分部工程名称、设计日期等内容。

（2）施工说明　凡是在图纸上无法表达出来，而又必须让施工人员知道的技术和质量要求或其他必须说明的内容，一般都用文字形式加以表达。其内容包括设计依据、设计指导思想、自动控制水平、计算依据表和仪表选型。

（3）仪表汇总表　在仪表汇总表中列出单项所有仪表位号、名称、型号、设备、技术参数、材质、数量及需要说明的问题。

（4）器材规格表　用表格形式把该工程项目所需的各种管材、型材、电缆、补缆、阀门、管件、电气管件、气动管件、防爆挠性软管、电缆槽以及消耗材料的名称、规格、型号、数量表示出来的明细表。

（5）工艺管道及仪表流程图　工艺管道及仪表流程图以示意方式表示一个生产系统或一个化工装置的整个工艺检测控制过程，并表示出系统全部设备、管道及仪表连接关系的全貌性的图纸，该图无比例。

（6）平面图　平面图是最基本的施工图纸，主要表示仪表平面位置，仪表电缆、管缆平面敷设图，控制室平面布置图，仪表管道平面布置图。

（7）结构图　仪表盘（柜、台）正面布置图，仪表盘（箱、柜、台）、供电箱、继电器箱内布置图。

（8）仪表接线、接管图　仪表接线、接管图主要包括：仪表盘（箱、台、柜）背面接线，接管连接关系图，接线箱、接管盒内线、管连接图。

（9）原理图　原理图主要包括仪表供电原理图、仪表信号报警联锁原理图、控制系统回路原理图。

（10）安装标准图　安装标准图又称通用图，是统一施工安装技术要求，具有一定法令性的图纸，设计时不再重复制图，只选用标准图号即可。施工中应严格按照指定图号的图样进行安装，它可以反映仪表、管道、支架、附件等的具体安装位置。

二、施工图识读

下面将分别介绍几种主要施工图的识读。

（一）工艺管道及仪表流程图

工艺管道及仪表流程图（以下简称流程图），是对仪表工程施工起指导作用的一份重要图纸。

在流程图中，绘出工艺设备的轮廓形状并在图纸上标出设备的名称和设计代号。主要管线用粗实线表示，次要管线用中、细实线表示，每段管道上都标出管道的设计代号（编号）、管道公称直径、管线等级、介质代号和保温，箭头表示工艺管道中介质流动的方向。有特殊安装要求（如需保温）的管道在图中均用符号表示出来。仪表的控制点及控制系统用细线条和圆圈表示，在圈内标出仪表设计位号。同一个控制系统，其参数符号和设计符号相同，并用细线条连接在一起。

看流程图首先要熟悉图中各种图形符号所表示的意义。

1. 流程图中常用的图形、文字符号

流程图中常用的图形、文字符号见表1-3～表1-6，有些施工图上可能有自定图形、文字符号，识图时，可查施工图自带图例。

表 1-3 仪表常用图形符号

序号	名　　称	图形符号	序号	名　　称	图形符号
1	就地安装表		16	电动执行机构	
2	盘面安装表		17	气动活塞执行机构	
3	盘后安装表		18	带阀门定位气动薄膜执行机构	
4	就地盘面安装表		19	带手动复位机构	
5	就地盘后安装表		20	执行机构与手轮组合	
6	两个或两个以上复合表		21	能源中断时控制阀开启	
7	两检测点相距较远或不在同一图纸上		22	能源中断时控制阀关闭	
8	闸阀、截止阀		23	能源中断时控制阀保持原位置	
9	角阀		24	能源中断时控制阀保持原位移，允许向关闭方向漂移	
10	三通阀		25	检测元件、取源点	
11	四通阀		26	孔板	
12	蝶阀		27	文丘里管、喷嘴	
13	控制阀		28	取压接头	
14	气动薄膜执行机构		29	转子流量计	
15	电磁执行机构				

表 1-4　集散系统计算机图形符号

系 统 名 称	图形符号	说　明
集散系统共享显示或共享控制仪表,操作者通常是可存取的	(正方形内含圆)	操作者不可存取数据情况: ① 无前面板的控制器,共享盲控制器 ② 共享显示器,在现场安装 ③ 共享控制器中的计算、信号处理 ④ 可装在通讯线路上 ⑤ 通常采用无监视手段运行 ⑥ 可以由组态来改变
	(正方形内含圆,中间横线)	在监视室内,进行图形显示,包括记录仪、报警点、指示器,具有如下特点: ① 共享显示 ② 共享显示和共享控制 ③ 对通讯线路的存取受限制 ④ 在通讯线路上的操作员接口,操作员可以存取数据
	(正方形内含圆,两条横线)	操作者辅助接口装置: ① 不装在主操作控制台上,采用安装盘或模拟荧光面板 ② 可以是一个备用控制器或手操器 ③ 对通讯线路的存取受限制 ④ 操作员接口通过通讯线路
计算机系统用符号。计算机元部件驱动集散系统各功能的集成电路微处理机不同,组成计算机的各单元装置可以通过数据主连路与系统成一整体,也可以是单独设置的计算机	(六边形,中间横线)	操作者通常是可存取的,用于图像显示器/控制器/记录器/报警点等
	(六边形)	操作者通常不能利用输入输出部件进行存取,以下情况用该符号: ① 输入输出接口 ② 在计算机进行的计算/信号处理 ③ 可以看作是没有操作面板的盲控制器或者一个软件计算模件

表 1-5　仪表连接线图形符号

序 号	类 别	图形符号
1	仪表与工艺设备、管道上测量点的连接线或机械连动线	———— (细实线:下同)
2	通用的仪表信号线	——
3	连接线交叉	—┼—
4	连接线相接	—●——●—
5	表示信号的方向	——→
6	气压信号线	—//—//—//—
7	电信号线	—///—///—///— 或 — — — — —
8	导压毛细管	—✕—✕—✕—
9	液压信号线	—L—L—L—
10	电磁、辐射、热、光、声波等信号线(有导向)	— — — — —
11	电磁、辐射、热、光、声波等信号线(无导向)	∼∼∼
12	内部系统链(软件或数据链)	—○——○—
13	机械链	—◉——◉—
14	二进制电信号	—⫻—⫻—⫻—
15	二进制气信号	—✕✕—✕✕—✕✕—

表 1-6 仪表文字符号

字母	第一字母		后继字母	字母	第一字母		后继字母
	被测变量或初始变量（修饰词）		功 能		被测变量或初始变量（修饰词）		功 能
A	分析		报警	L	液位		指示灯
B	烧嘴、火焰			O			节流孔
C	电导率		控制、调节	P	压力		
D	密度	（差 d）		Q	数量		累计
E	电压		检测元件	R	放射性		记录
F	流量	（比 f）		S	速度、频率		开关、报警
G			玻璃	T	温度		变送、传送
H	手动			V	黏度		阀、风门
I	电流		指示	Z	位置		执行器
K	时间、时间顺序		操作器	Y	事件状态		转换

2. 仪表位号编制

仪表位号由字母和数字编号两部分组成，两部分之间用短划线隔开。有时候根据设计需要，在数字后面还加尾缀。

字母代号由表示被测变量的第一个字母和表示功能的后继字母组成，字母代号除修饰字母外，均用大写英文字母表示。

数字编号由区域编号和回路编号组成。一般情况下，区域编号为一位数字，回路编号为两位数字，必要时，区域编号和回路编号的数字位数可以增减。

区域编号可表示车间、工段、装置、系统、设备，甚至可兼表示其中两者。回路编号表示该区域内某一被测量变量的个数。仪表位号的实例（TRC-302A）如表 1-7 所示。

表 1-7 仪表位号编制说明

T	RC	—	3	O2	A 或 —2
第一字母被测变量	后继字母功能	短线	区域编号	回路编号	尾缀（通常不需要）
字母符号			数字编号		

为了便于识图，将有关仪表位号的编写原则介绍如下。

（1）第一字母表示被测变量，其后可有一个或多个表示功能的后继字母。不同类的被测变量分开编写，例如 TI、PI 等。

（2）第一字母是按被测变量而不是按仪表的结构确定的，例如用于测量流量的差压记录仪表应写为 FR，而不是 PdR。

（3）第一字母的修饰字母用小写英文字母，"d"（差）、"f"（比）与被测变量字母组合视为一个字母。例如 TdI 和 TI 分别表示温差指示和温度指示。

（4）仪表同时具有指示和记录两种功能时，功能字母代号只写 R，I 省略不写。

（5）表示两个以上功能后继功能字母的书写顺序是：IRCTQSA。

（6）数字编号的区域编号和回路编号一般均从 1 开始，按顺序编列，允许中间有空号。

（7）仪表回路编号按被测变量分开编号，同一区域的同一被测变量的仪表，其回路编号从 1 开始按顺序编排，不同被测变量的仪表，按各自顺序编排回路编号，例如：TI-201，TI-202，TI-203，……；PI-201，PI-202，PI-203……

（8）同一区域内测量同一个变量的回路中，仪表位号的第一字母和数字编号应相同。例如：FI-102、FRC-102、FV-102 表示是同一区域内同一个流量记录控制系统中的仪表。

（9）如一个回路中有一个以上相同字母代号（即被测变量和功能相同）的仪表，应在数字编号的后面加大写英文字母的尾缀以示区别。例如用 FT-201A、FT-201B 表示一个回路中有两台流量变送器；用 PV-211A、PV-211B 表示一个回路中有两台压力控制阀。

（10）多个检测元件共用一台仪表（如温度巡回检测仪）时，检测元件应在回路符号之后隔一短线，加阿拉伯数字顺序编号作为尾缀，例如：TE-2001-1、TE-2001-2 表示这台仪表的第一个和第二个检测元件。

3. 流程图中仪表符号标注方法。

（1）流程图中用细实线圆圈表示仪表。仪表位号写在圆圈内，字母符号在圆圈的上半圆中，数字编号和尾缀写在下半圆中，如图 1-2 所示。圆圈亦可表示出仪表安装的位置，见表 1-2。一个圆圈可用来表示一台仪表或一个回路中多个仪表的组合。有时一台仪表也用两个或多个圆圈来表示。

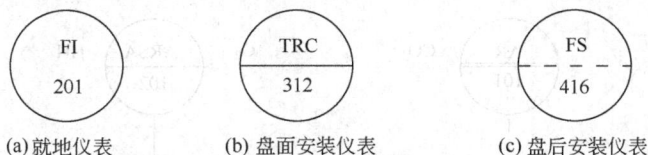

(a) 就地仪表   (b) 盘面安装仪表   (c) 盘后安装仪表

图 1-2 仪表位号标注图

（2）从设备轮廓线或工艺管道线引到圆圈的线的起点，表示仪表测量点，一般无特定的图形符号，如图 1-3 所示。

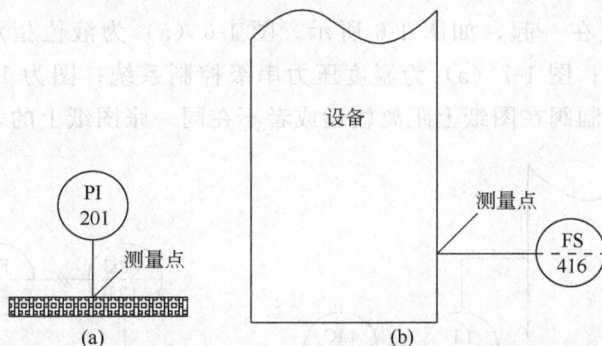

图 1-3 测量点标注

图 1-3（a）表示测量点开在工艺管道上的就地安装的压力指示仪表。

图 1-3（b）表示测量点开在设备上，在控制室内指示温度的仪表。

（3）在流程图中，一般不标出仪表检测元件的位号。检测元件和仪表连同一体的仪表（如靶式流量计）在流程图中可注明仪表位号。

（4）表示高、中、低时，在圆圈的右上方、右下方和右中部写出 H（高）、L（低）、M（中），或 HH（高高）、LL（低低），如图 1-4 所示，图 1-4（a）表示液位高度的标示灯，当设备内液位达到测量点时指示灯亮。图 1-4（b）表示温度指示联锁高报警回路。

（5）第一字母"A"（分析），当表示具体分析项目时，在圆圈上方写出所分析的项目，如图 1-5 所示。图 1-5（a）表示二氧化碳分析记录仪表。图 1-5（b）表示氧气分析记录、联锁、报警综合系统。

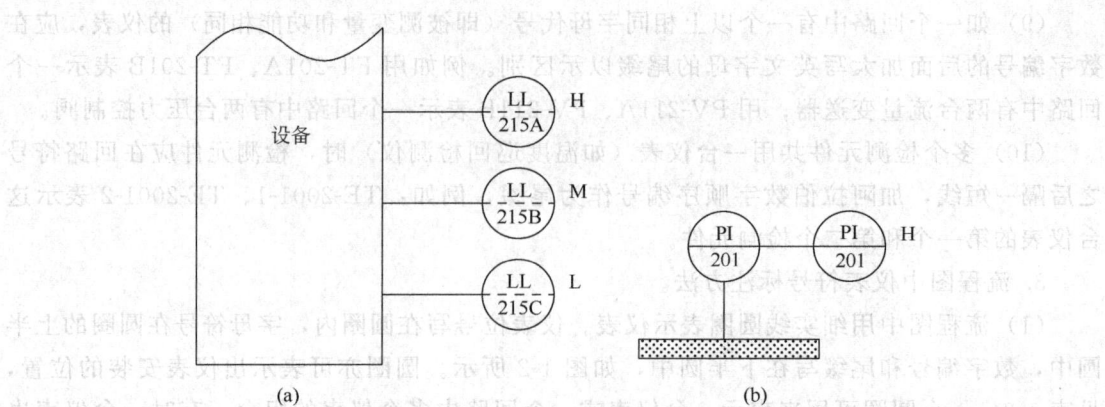

图 1-4 高、中、低标注

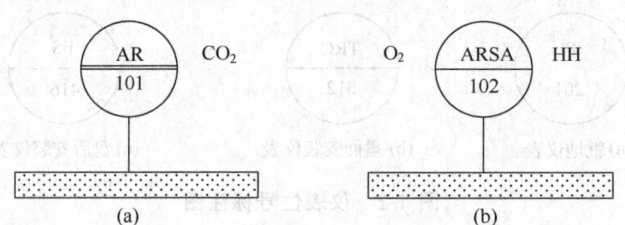

图 1-5 分析、报警标注

（6）多台仪表组合的自动控制回路，通常是用一个圆圈一台仪表，并用连线将表示同一回路仪表的圆圈连在一起，如图 1-6 所示。图 1-6（a）为液位指示控制系统；图 1-6（b）为流量控制系统；图 1-7（a）为温度压力串级控制系统；图为 1-7（b）为流量记录控制系统测量点与控制阀在图纸上距离较远或者不在同一张图纸上的表示方法。

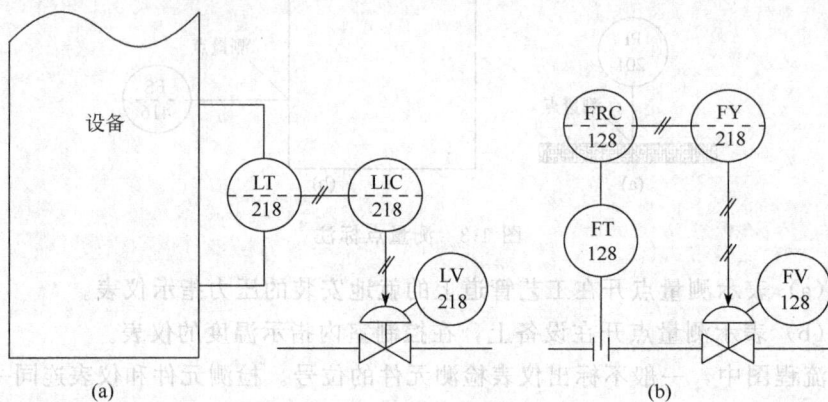

图 1-6 控制系统标注（一）

4. 流程图的作用

（1）根据图中标明的控制点位置，可以了解取源部件及就地仪表的安装位置。

（2）根据仪表图形符号了解检测参数以及控制系统的功能，并根据工艺状况判定控制器的正反作用和控制阀的作用方式（气开式或气关式）。

（3）根据图中标注工艺介质的流动方向，可以确定节流装置的安装方向以及测温元件

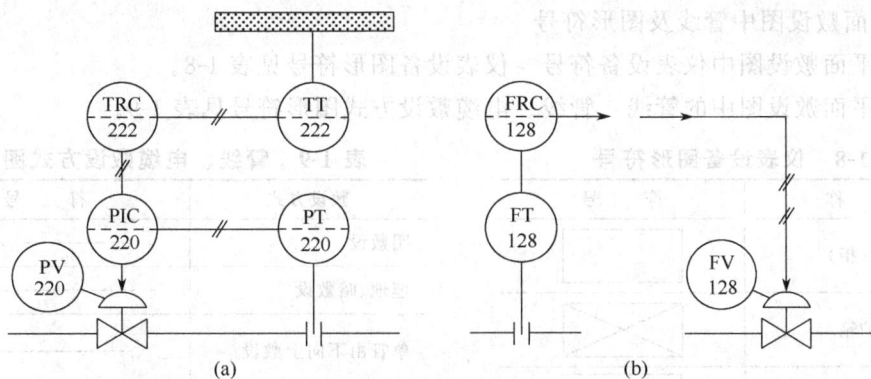

图 1-7　控制系统标注（二）

的安装位置。

（4）根据工艺管道的公称直径及保温层厚度，可以选择取源部件的长度，确定扩大管的直径。

（二）平面敷设图

1. 平面敷设图的特点

平面敷设图包括仪表管线、电缆敷设图；气源管线、伴热管线；控制室、分析室平面布置图，凡此类图纸均有共同的特点，即有方位、标高和比例。

（1）方位　平面敷设图就是平面俯视图，是根据实际现场布局绘制的。平面敷设图是在土建平面图或工艺设备管道平面布置图的基础上绘制而成的。图上绘有工艺设备及主要管架（或管廊）等。

看这类图纸，首先应搞清楚坐标的方向标，通常称指北针。主要建筑物及工艺设备的相对位置、框架和墙柱的编号等。在脑海中建立起装置区的大概形象和室内布置状况。

图纸的坐标方向一般是上北、下南、左西、右东，与地图的坐标方位一致。

（2）标高　地面点到高程基准面的铅垂距离，称为该点的标高，标高符号如图 1-8 所示，三角形尖端画在标注的位置，尖端指向可向上，也可向下。

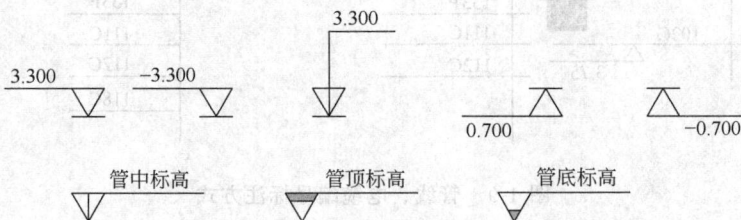

图 1-8　标高符号及注法

图中凡仪表的控制点、设备、主要管线支架都标出其安装的标高，如果整个装置分为多层平面，则平面敷设图也分层进行绘制，并在每层敷设图的图签上注明此层平面的标高。标高的单位是 m 或 mm。标高符号为 ±×××m(mm)。通常以室内地平面的水准面为基准面。

（3）比例　平面敷设图是现场实际布局的缩影。例如 1000∶1 表示：图纸上 1cm 的长度，装置现场的实际距离为 10m。平面敷设图的比例标在图纸右下角的标题栏中。

2. 平面敷设图中管线及图形符号

(1) 平面敷设图中仪表设备符号 仪表设备图形符号见表1-8。

(2) 平面敷设图中的管线 管线、电缆敷设方式图形符号见表1-9。

表 1-8 仪表设备图形符号

名 称	符 号
就地仪表盘（柜）	□
保温箱、保护箱	⊠
接线盒	▭
接管盒	◯
变送器	⊗
控制阀	⌕
控制点	●

表 1-9 管线、电缆敷设方式图形符号

敷设方式	符 号
明敷设	——————
埋地、暗敷设	- - - - - - - - - -
单管由下向上敷设	⊙
单管由上向下敷设	◯
管、线（束）	▬▬
管、线（束）向上敷设	▬▬▮
管、线（束）向下敷设	▬▬

(3) 管线、电缆编号标注方法 每一根仪表管线、电缆都有设计编号，平面敷设图按管线电缆的走向，标注出标高及各段电缆槽上经过的管线电缆编号。电缆槽上的管线电缆根数，应该等于各分路电缆槽上管线电缆数之和，其形式如图1-9所示。

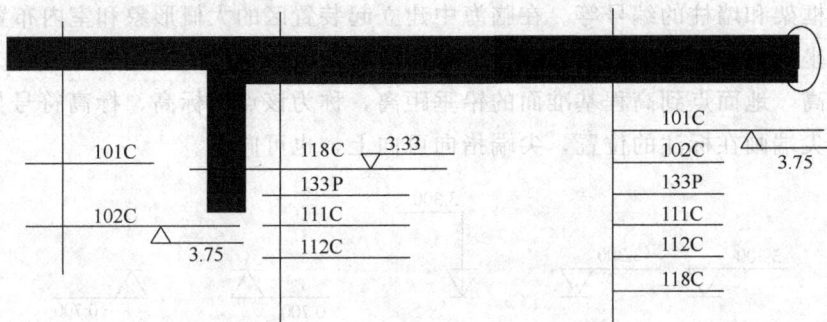

图 1-9 管线、电缆编号标注方式

(4) 仪表控制点符号标注形式 平面敷设图中的仪表控制点用实心圆表示，在圆点的引出线上标出控制点的位号、标高及连线管或线的编号，如图1-10所示。

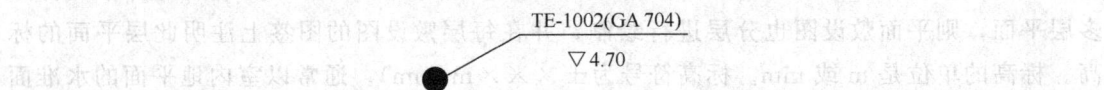

图 1-10 仪表控制点符号标注形式

3. 管线、电缆平面敷设图的作用

（1）根据平面图坐标，参考工艺设备、土建墙基、框架、立柱等位置，就可确定就地安装的仪表盘、箱、柜的具体安装位置。

（2）大致确定变送器、基地式仪表的安装位置和用哪个安装图。一般就地压力表、温度计不在平面图中表示，这些仪表可以根据工艺安装图确定检测点的位置。

（3）了解主要电缆槽的敷设形式，核对各段电缆槽上的管子及电缆根数。

（4）根据图纸比例和标高，用比例尺量出管（缆）的长度，这是复核材料的数量，编制施工预算依据。

4. 室内平面图的使用

（1）绘出仪表盘、模拟盘、操作台、继电器箱、供电箱、供气装置等主要设备的安装位置。表盘组合安装的形状及安装要求。

（2）仪表接地系统的施工方式和要求。

（3）仪表管道、电缆引入控制室的进线孔、穿墙孔、地沟的尺寸和出封要求。

（三）表盘正面布置图

仪表盘正面布置图一般都是按 1：10 的比例进行绘制，仪表盘正面布置图完整地绘出盘上安装仪表、设备的正面开孔形状，如图 1-11 所示。

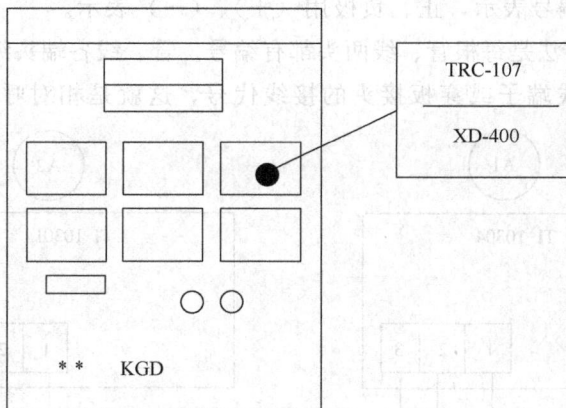

图 1-11 仪表盘正面布置图

仪表盘正下方的序号是该盘的盘号（流水号）、英文字母是盘的型号。例如：4 * KGD。它表示 4 号仪表盘。盘型 KGD，柜式带照明仪表盘。

仪表盘上仪表设备位号和工艺控制流程图位号相同，采用分数法在图形符号内标注位号和型号，分子写位号，分母写型号。标注方法如图 1-11 所示。

表盘正面布置图的右下角有一设备明细表、安装在表正面所有仪表及电气设备都列于明细表中，设备明细表包括序号、位号、名称、型号、规格、备注。

表盘的颜色，安装要求及有关图纸都写在图纸右侧的图纸技术要求内。

（四）表盘背面接线、接管图

表盘背面接线、接管图是按不同的接线（管）面画出在仪表盘和框架上安装的仪表和设备，它不按比例绘制，但位置与表盘正面布置图相对应；框架上安装的端子设备可在图面的适当位置绘出，并加注文字说明。

盘后所有仪表、设备要在图形符号内标注位号。

盘后各种类型的接线（管）端子排的编号，由表盘的数字编号和端子排的名称符号构成，例如：1SX、1PX 或 1YD、1XD 表示 1# 盘的端子排。3SX、3PX、3YD、3XD 表示 3# 盘的端子排。

接线（管）端子的编号，是在端子排编号的后面加一短线再写序号，例如 1SX-6 则表示 1# 盘上 1SX 端子排的第 6 个接线端子。2SX-2 则表示 2# 盘上 2SX 端子排的第 2 个接线端子。

当电、气背面接线（管）在同一张图上绘制时，细实线表示电线，粗实线表示管线。

当电、气背面接线管不在同一张图上绘制时，为了使图面清晰，盘背面电气接线图上只绘出有导线连接的仪表及电气配件，无导线连接的仪表及设备不在图中表示。同样，仪表盘背面气动管连接图上也仅绘出有管线连接的仪表，无管线连接的仪表及电气配件不在图中表示。为防止漏项，应将表盘正面布置图同盘后接线接管图结合起来阅图。

盘后配线或配管有直接连线法和相对呼应编号法两种方式，识图应加以注意。

直接连线法是单独或成束的电线管线直接向仪表的电线和气动管线，仪表接线点处的编号用电线及管线的编号表示，正、负极用（＋）、（－）表示。

相对呼应的表示方法是每根管、线两头都有编号。管、线各端头编上与自己相对应的另一端头所接仪表或接线端子或穿板接头的接线代号，这就是相对呼应编号法，如图 1-12

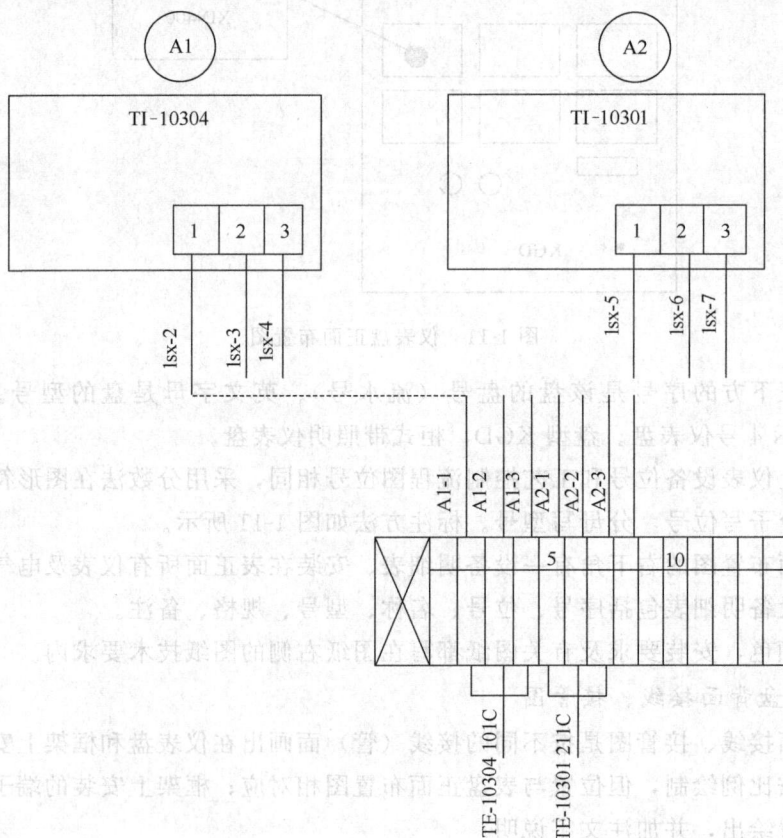

图 1-12 相对呼应编号方法

所示。

每套仪表施工图的种类、数量各不相同，这里不能一一介绍，只介绍了几种供识图时参考。

（五）施工图识读步骤

仪表施工图种类较多，练习时找一套图纸，按照下列步骤进行识读。

（1）弄清并熟记图中字母符号、图形符号所代表的意义，以便识图。

（2）看施工图说明书，对整个装置的设计及施工和验收要求有全面了解。

（3）查《仪表汇总表》，搞清整个装置中有多少检测点、多少控制系统等，对总工作量有大概了解。

（4）在《工艺管道及仪表流程图》中找出各检测点及每个控制系统在工艺设备、工艺管线上的大致位置。并结合平面布置图到现场核对。

（5）在《仪表电缆、管线平面敷设图》中找到控制点、保温箱、接线（管）盒、就地仪表盘等的安装方位和标高。弄清电缆、管线的走向，进控制室的总数量。可结合现场情况阅图。

（6）在《控制室平面布置图》中，了解控制室内的布置状况、管线电缆出封方式。

（7）各类原理图，搞清动作原理、仪表之间的相互关系。

（8）接线、接管图及其他类型图。

（9）识读时要将各类型施工图结合起来阅图，同时审查是否有漏项、疑点或错误之处，发现问题要及早提出，以便设计部门修改。

思考与复习题

1. 仪表施工有什么特点？

2. 仪表安装工需要具备哪些素质？

3. 仪表施工分哪几个阶段？各个阶段有哪些工作？

4. 你是如何认识"安全施工"这个问题的？

5. 常用施工机具有哪些？

6. 使用台钻时应该采取哪些安全措施？

7. 仪表常用材料种类有哪些？

8. 仪表施工图大概有哪几种？

9. 施工图中常用图形符号有哪些？

10. 指出下列圆圈表示的测量变量、功能及仪表安装位置。

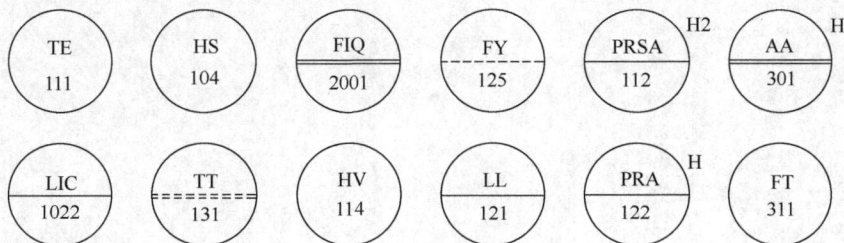

11. 按下列要求画出表示仪表圆圈符号。

① 就地盘后安装的温度变送器，编号 101；

② 盘后安装液位指示仪，编号 210；

③ 就地安装流量变送器，编号 212；

④ 盘后安装的压力指示（高高）报警仪表，编号 3034。

12. 什么是相对呼应编号法？什么是直接连线法？

13. 平面敷设图的特点是什么？

14. 施工图识读步骤是什么？

15. 仪表施工质量可用哪十六字衡量？

第二章 仪表盘（柜、台）和辅助装置安装

在仪表工程中，仪表设备指的是仪表盘（柜、台）、保温箱、供电箱、控制阀、阀门及仪表本身。辅助装置指的是各种支架辅助容器，仪表盘（柜、台）的底座、电缆槽等。仪表加工件是指用于安装的金属、塑料机械加工的总称。仪表加工件主要有仪表接头，包括仪表阀门接头（也称仪表管件）、仪表配用的法兰和为满足检测、控制需要必须增加的附加装置。如小管道测温用的扩大管及各种不同用途的平衡器等。在仪表设备、辅助装置及加工件到货后要进行检查验收，看是否与设计图纸相符。型号规格不符、数量不足或严重损坏者，应及时向供应部门提出，避免耽误工期。

第一节 仪表盘（柜、台）安装

仪表盘（柜、台）是具有一定范围控制功能的控制对象和操作者之间的联系环节，在盘（柜、台）上集中安装了工艺过程的检测与控制设备，在盘（柜、台）的正面，有说明盘（柜、台）上各块控制仪表的铭牌，有的还布置有模拟系统图，以展现生产工艺流程。

仪表盘（柜、台）壳体是用2mm或3mm厚的钢板焊接而成的，外表涂灰色或苹果绿色保护漆，盘（柜、台）内有接线端子汇线槽、操作开关、照明装置，成套供应盘（柜、台）底具有标准地脚螺孔，附接盘也同样带有标准安装孔。为了便于灵活组合，盘（柜、台）体很多采用单元组合的结构形式，目前比较常用的仪表盘有柜式、框架式、屏式三种，形状如图2-1所示，柜式盘多安装于现场，屏式、框架式盘一般在控制室组合安装。操作台目前常有独立式、附接式两种结构形式，常见形状如图2-2所示。附接式一般

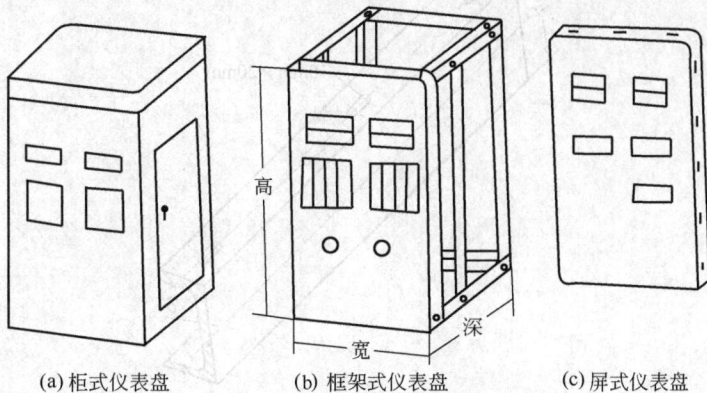

(a) 柜式仪表盘　　　(b) 框架式仪表盘　　　(c) 屏式仪表盘

图 2-1 常用仪表盘

同盘组合安装，其结构形式如图 2-3 所示。

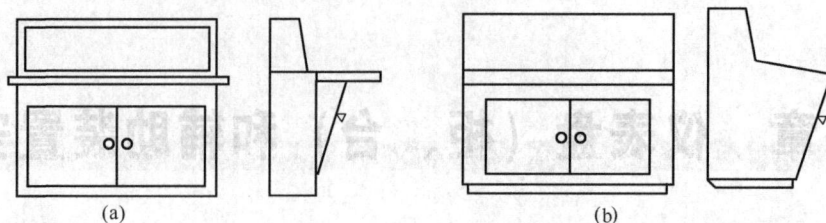

图 2-2　独立式操作台

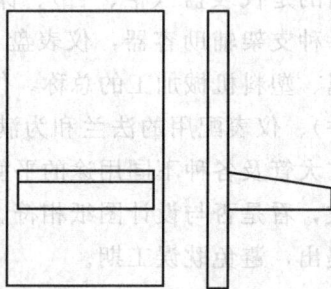

图 2-3　附接式操作台

仪表控制室是生产控制中枢，所以施工质量要求较高。

一、底座制作

为了使仪表盘（柜、台）安装拆卸都比较方便，需要预先制作盘（柜、台）底座，然后在底座上将盘（柜、台）固定。底座材料一般采用槽钢，底座要根据盘（柜、台）的形状和盘（柜、台）的安装形式来决定如何制作。

1. 组合安装型仪表盘（柜、台）底座制作

在多块仪表盘（柜、台）组合集中安装的场合，可采用组合安装型盘（柜、台）底座。组合安装底座要求平直、无扭曲现象，尽最大可能减少正面接缝，底座下部槽钢面与预埋铁件焊接，上部槽钢面按盘（柜、台）底部标准地脚螺孔的间距画出 10mm×20mm 的长圆孔，要求用机械方法钻孔，实际施工中很多是用气割割出的，如图 2-4 所示。

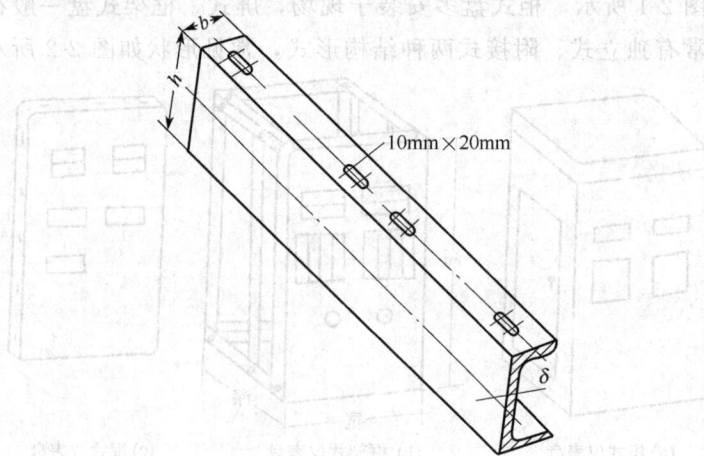

图 2-4　底座开长孔

仪表盘（柜、台）组合安装形式，常见的有平排一字形、折弯形和圆弧形。一字形和折弯形组装底座制作比较简单，只需将槽钢调直整平即可。固定一字形组合盘（柜、台）底时，可先确定首尾两块盘（柜、台）与盘（柜、台）后墙面的距离，然后以首尾两块盘（柜、台）拉一直线，以此线为准找正固定。若设计图纸上没有注明尺寸时，要保证底座正面与墙面的距离大于 900mm，底座以下埋入室内地平面 10～15mm，不要让垫铁和预埋铁件外露出来。

仪表盘（柜、台）圆弧形组合安装，造型美观，而且便于观察仪表，较大规模的控制室多采用此种安装形式，但安装难度较大。

圆弧形底座制作时，可利用卷板机将槽钢卷压成所需要的弧度，再进行对焊，机械卷制的底座平整光滑。在无机械卷制作的条件时，可采用分段热煨法，按仪表盘（柜、台）的宽度将槽钢腿上、下两个面都割开一个口子，然后用气焊加热烘烤，使其硬度降低后折弯成所需要的角度，如图 2-5（a）所示，煨制前可按弯曲角度的大小，用扁钢做一个特制角尺，测量每个弯曲角度，以保证角度大小基本一致，角尺形状如图 2-5（b）所示。

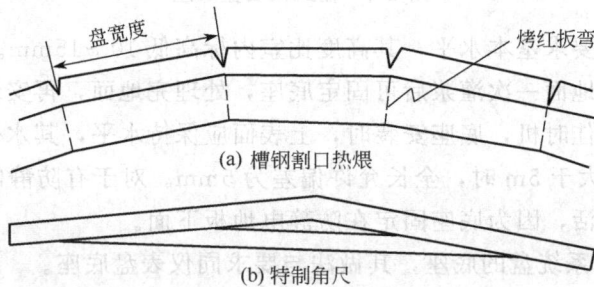

(a) 槽钢割口热煨

(b) 特制角尺

图 2-5　圆弧形盘底制作

无论用机械卷制还是用人工弯制，均应在平整地面上按 1：1 的尺寸画出一段与成型底座相同弧形的图样，随时校对，以免弯过头而返工。

2. 柜式仪表盘（柜、台）底座制作

柜式仪表盘（柜、台）底座是与盘底大小相同方框，用整根槽钢弯制而成。如图 2-6（a）所示。划线下料时，要考虑弯折时对尺寸的影响，每条边都要相应地扣除槽钢腰的厚度（2δ）。划线方法是：先在折弯点用角尺在槽钢腿上画出中心线，然后从槽钢正面边沿起按槽钢腰的厚度长度在中心线上画一点，再从此点向中心线两边画出 45°夹角，构成 90°的等腰三角形，如图 2-6（b）所示，将等腰三角形用钢锯锯掉或用气割割掉，然后把槽钢弯成方框，接头留在中间或在一角均可。

要求划线时槽钢腿上、下两个面的中心线要一致。方框每个角都应该是直角，而且每个边都平直，角弯曲弧度应尽可能小。方框的对角线应相等。焊接时应先点焊，调整平直符合要求后，再在槽钢反面逐缝焊牢，这样不影响表面的美观和光洁度。焊完底座要进行防锈处理，除锈后刷两遍防锈漆，再刷两遍黑漆。底座制作尺寸，应与盘、柜、操作台相符，其直线允许偏差为 1mm/m，当型钢底座长度大于 5m 时，全长允许偏差为 5mm。

二、仪表盘（柜、台）安装

仪表盘（柜、台）安装分预埋铁件，固定底座和安装盘（柜、台）三步进行。

（1）预埋铁件　在土建一次地面灌浆前，将预制好的铁件固定于立仪表盘（柜、台）

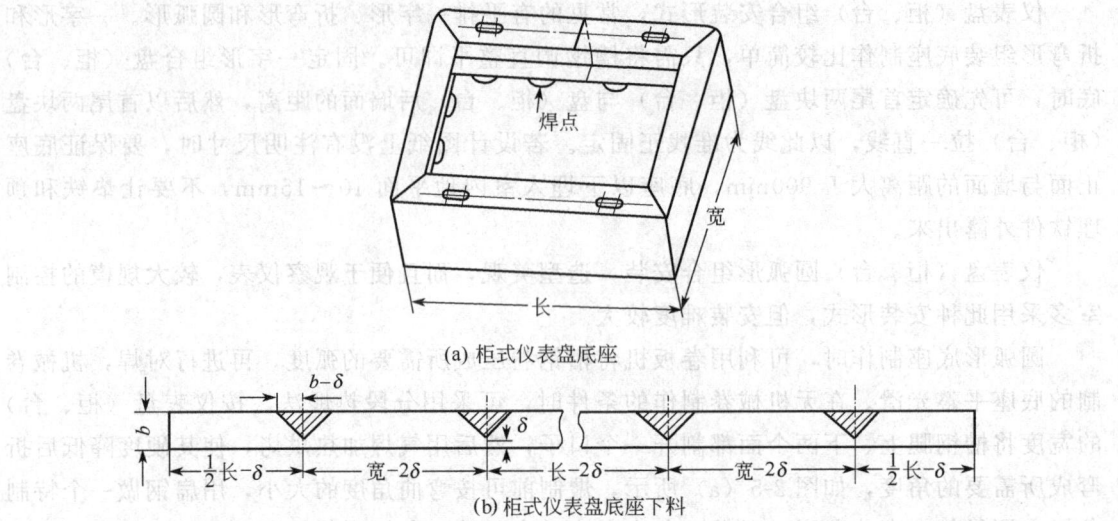

(a) 柜式仪表盘底座

(b) 柜式仪表盘底座下料

图 2-6 柜式仪表盘底座

位置处，所有铁件面要求基本水平，其高度比室内标高低 10～15mm。

（2）固定底座 地面一次灌浆后可固定底座，处理完地面，再安装底座时不可避免地要损坏地面。抓住最佳时机，底座安装时，上表面应保持水平，其水平允许偏差为 1mm/m，当型钢底座长度大于 5m 时，全长允许偏差为 5mm。对于有防静电和防潮地板的控制室，底座安装比较灵活，因为底座固定在防静电地板下面。

安装 DCS、FCS 系统盘的底座，其做法与要求同仪表盘底座。

（3）安装盘（柜、台） 土建室内施工基本结束，地平二次抹面完工后进行盘（柜、台）安装，因为安装盘（柜、台）时也不可避免地要损坏地面。盘（柜、台）在搬运和安装过程中，应防止变形和表面油漆损伤。安装及加工中严禁使用气焊。

单独仪表盘（柜、台），垂直度允许偏差为 1.5mm/m，水平倾斜度允许偏差为 1mm/m。

成排仪表盘（柜、台）的安装如下。多块盘（柜、台）组合安装时，要注意盘（柜、台）的顺序，对号入座，一般先固定中间的一块盘（柜、台），再由中间向两边进行。这样可减少综合误差。垂直度允许偏差为 1.5mm/m，水平倾斜度为 1mm/m，相邻两盘（柜、台）高差不超过 2mm，连接处多于两处的盘（柜、台）顶最大高度差不超过 5mm，盘（柜、台）之间间隙不超过 2mm，盘（柜、台）正面的平面度相邻两盘（柜、台）不能超过 1mm，多于 5 处时连接平面度不超过 5mm。

仪表盘（柜、台）平面度，垂直度要求拉线用水平尺量，盘（柜、台）之间间隙用塞尺测量，要求是很高的。

屏式仪表盘，应在盘顶部加支撑架，如图 2-7

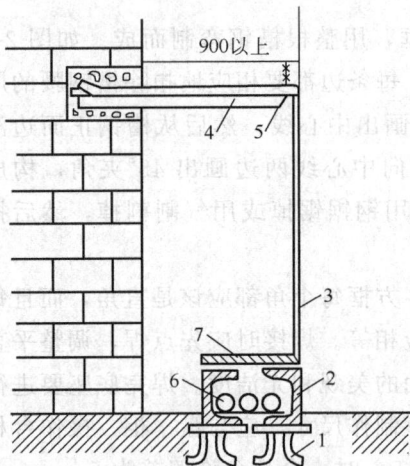

图 2-7 屏式仪表盘安装图

1—预埋铁件；2—表盘底座；3—仪表盘；

4—支撑架；5—固定螺栓；

6—电缆；7—装饰板

所示。

仪表盘（柜、台）的安装一般均采用底座固定方式，有些场合也采用无底膨胀螺栓固定形式，不论采用何种方法固定，均要求美观牢固，便于拆装。

仪表盘（柜、台）安装在特殊场所（如多尘、潮湿、有腐蚀性气体、易爆和振动场所），要按设计文件要求去安装。

三、仪表盘（柜、台）面修改

施工中若遇到修改项目，需增加或减少仪表盘（柜、台）面仪表设备时，或遇到仪表外形尺寸与盘（柜、台）开孔尺寸不符等问题时，需要在盘（柜、台）上进行修改。盘（柜、台）上修改方法有以下几种。

（1）扩孔 用平锉在原来方孔一角先锉出一凹槽，如图 2-8（a）所示。再用锯条沿线锯出来，若尺寸仅相差 1～2mm，可直接用平锉扩孔。

（2）开孔 用手电钻钻一排 $\phi 5 \sim 6$mm 的孔，如图 2-8（b）、（c）所示，然后用扁錾将小孔铲通，方孔可用钢锯沿线锯开，圆孔再用半圆锉锉成形。

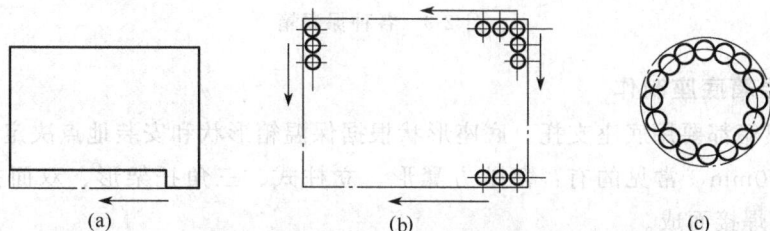

图 2-8 仪表盘（柜、台）面修改

（3）补孔 用一块大小厚度与所补孔相同钢板镶入孔中与仪表盘（柜、台）面相平，用电焊在背面点焊，焊点不能过多，不能用气焊焊接，以免盘（柜、台）面变形。修改完后，除锈、刷防锈漆，再喷与原来颜色相同的油漆。

修改仪表盘（柜、台）面时，要注意盘（柜、台）整体布局美。

仪表盘（柜、台）固定后，若盘（柜、台）漆面破损较重，装表前应喷刷与原来颜色相同的油漆，盘（柜、台）后电缆沟上要加装饰盖板。仪表过重时应在表盘后增加支撑托架。

所有仪表盘（柜、台）安装工作完毕后，再将仪表控制装置装上，这时不允许再受到振动和敲击。

四、仪表盘（柜、台）上仪表设备安装

仪表盘（柜、台）安装牢固后，可进行盘（柜、台）后查线工作，然后可将校准和调整合格的仪表安装到盘（柜、台）上。按盘（柜、台）正面布置图的仪表位号对号入座。仪表装上盘（柜、台）后，要将所有的表门封条封上。控制室要有专人看护，无关人员不可随意进入。

DCS 系统、FCS 系统控制装置安装要求见第五章。

第二节 仪表保温箱安装

仪表保温箱作用是保护现场安装的仪表，免受机械损坏，特别在寒冷地区，仪表正常

使用的温度要用保温箱来提高。因此，有的保温箱还有伴热，一般采用蒸汽伴热，也有用电伴热的。

保温箱是无构架的箱体，用 2mm 厚的钢板弯制而成，主要有三种。图 2-9（a）为典型的仪表箱，前后有门，玻璃窗在前门上。图 2-9（b）为自力式保温箱，背后全开门，玻璃窗在前面。图 2-9（c）为墙上或管道上安装保温箱，箱体用螺栓固定在墙上或管架上，并支撑住仪表。

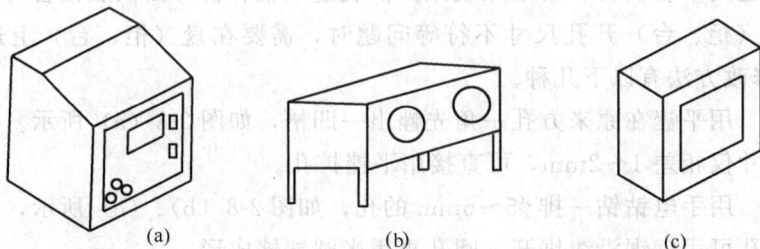

图 2-9 各种保温箱

一、保温箱底座制作

每只保温箱都要用底座支托。底座形状根据保温箱形状和安装地点决定，一般安装高度为 600～800mm，常见的有：落地方凳形、立柱式、三角托架形、双面托架形等。用 ∠40×4 角钢焊接而成。

1. 方凳形底座制作

方凳形底座是使用最多的一种。一般尺寸是 600mm×500mm，制作时可进行流水作业。统一划线下料，弯制整形，找正焊接，当制作多个尺寸相同的底座时，可在钢板上做一个模具，将方框放入模具内焊接，为避免焊接方框收缩变形，应该先焊接横档，再焊四个角，方凳形底座下料及制作，如图 2-10 所示。

制作底座尺寸要求准确，角钢要尽量用砂轮切割，焊接后用砂轮打平，无晃动，稳定性要好。除锈后，刷两遍防锈漆。其他形状底座制作要求相同。高度大于 800mm 时要加横撑。

2. 立柱式底座

立柱式底座由两块铁板（厚 6mm）和中间一根 3″镀锌水煤气管子构成，如图 2-11 所示。

3. 三角托架制作

三角托架可以用整根角钢弯成，也可用两根角钢焊接而成。30°、45°角三角托架制作如图 2-12（a）、（b）所示，整根角钢弯成 30°托架，其下料方法如图 2-12（c）所示，图（b）为角钢边宽，δ 为角钢厚，$a = b - \delta$。

4. 双托架制作

当两个保温箱固定在同一根水泥柱两侧时，可采用双面托架。用两根钢筋焊上螺栓，再将角钢夹在水泥柱上，由于托架受力大，角钢可选大些，如图 2-13 所示。

其他形状的底座制作方法与以上制作方法大同小异。

(a) 方凳形底座

(b) 底座横撑料　　(c) 底座腿料　　(d) 底座模具

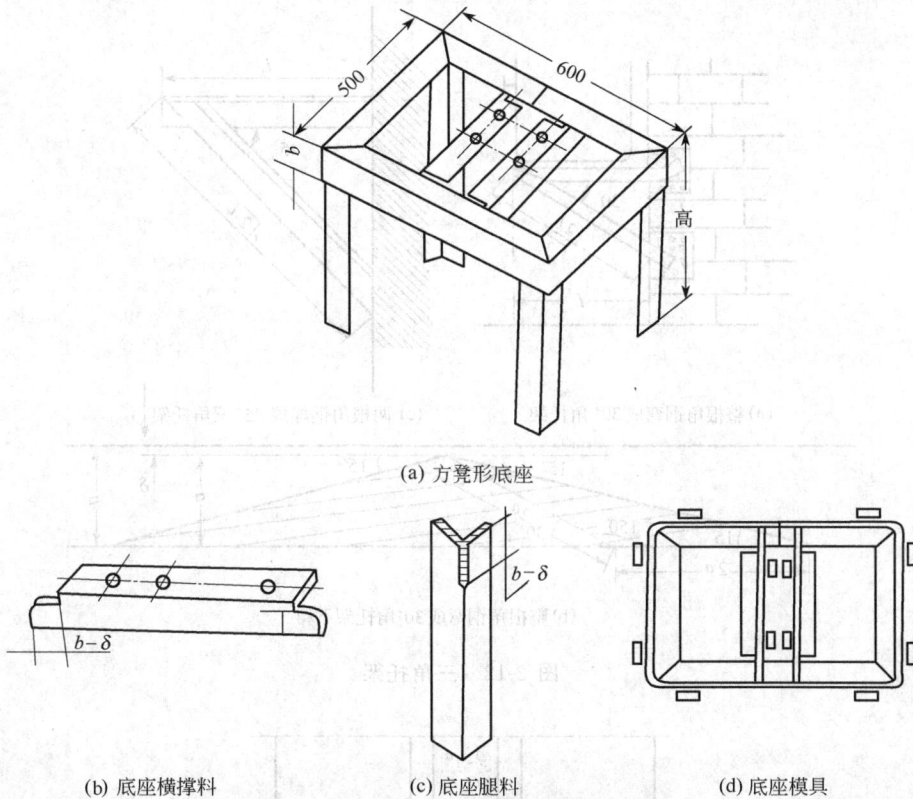

图 2-10　方凳形底座制作

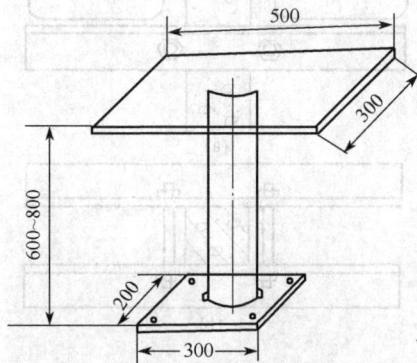

图 2-11　立柱式保温箱底座

二、保温箱安装要求

保温箱安装要求为：防止变形和表面油漆损伤。安装及加工过程中严禁使用气焊。有时因配导压管道的需要，几个保温箱要安装在一起。这就提出了较高的要求，垂直允许偏差为 3mm，倾斜度允许偏差为 3mm，当箱高度大于 1.2m 时，垂直允许偏差为 4mm。这对保温箱质量要求太严格了，因此，在安装前应先挑选一下，把质量符合要求的保温箱安装在一起或安装在重要位置处，把质量较差的安装在不重要的地方。

集中安装保温箱，要求整齐美观。

特殊场合保温箱安装要按设计文件要求去施工。

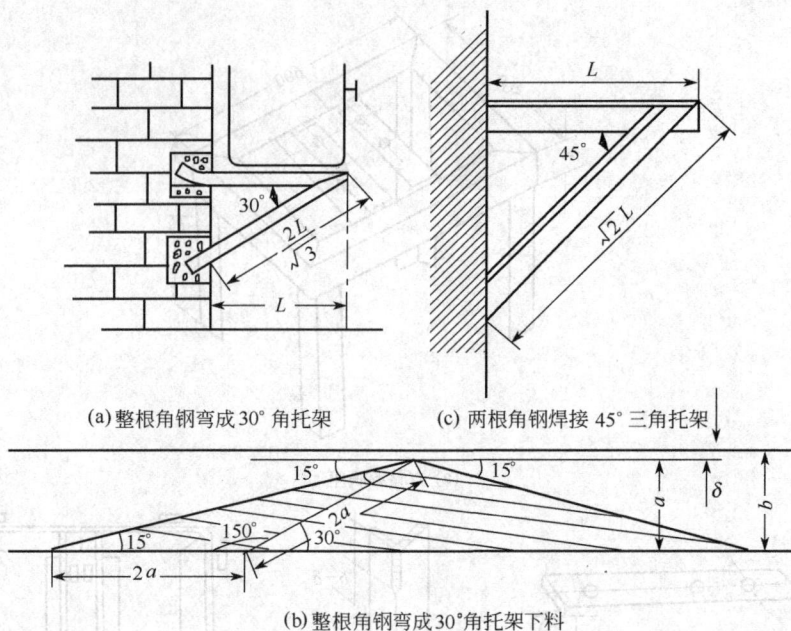

(a)整根角钢弯成30°角托架　　　(c) 两根角钢焊接 45°三角托架

(b)整根角钢弯成30°角托架下料

图 2-12　三角托架

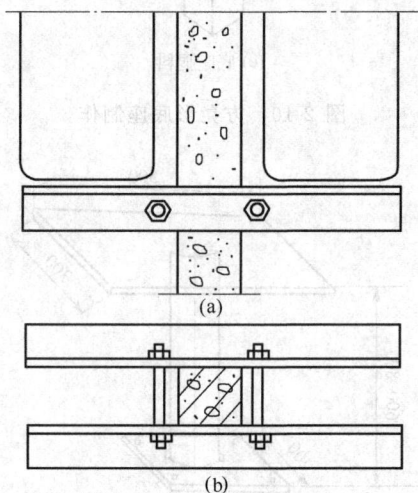

(a)

(b)

图 2-13　双面托架

三、保温箱内部施工

保温箱安装位置分散，但箱内施工基本相同，所以采用集中装配、整体安装的施工方法，保温箱内工作有以下几项。

（1）开孔　保温箱的后箱体和箱底上，用电钻开固定支架的螺栓孔和穿管孔。

（2）装支架　用螺栓将变送器支架、保温箱一同固定在底座横撑上（预制时应考虑到三者螺孔距离要一致）。如需要还要装上其他（如输出指示仪表、减压阀过滤器）支架。

（3）配管　相同类型仪表箱内配管基本一致，因此，每一种类型可以先配一块，并以此为标准，再统一配管，这样可以提高工作效率。配管时应装上阀门、密封填料螺栓（又称填料函），并焊三阀组和仪表的接头，所有配管接头应用气焊焊接。

有伴热的要同时配管，伴热管弯成盘状，盘管要牢固地固定在保温箱内壁上，保温箱低压蒸汽的引入与冷凝水排出要依据施工图统一安排，不允许乱排乱放。

图 2-14 所示是一台电动差压变送器保温箱内部配管的情况。

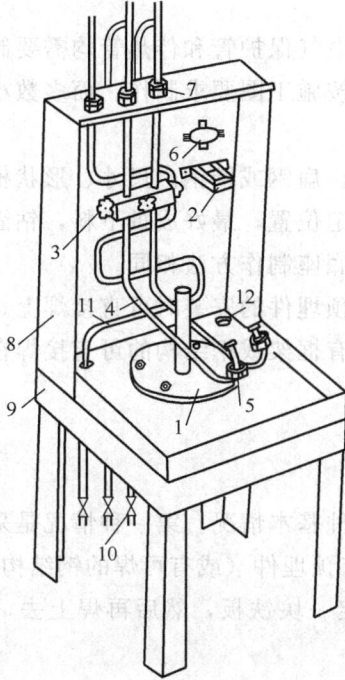

图 2-14 保温箱内配管

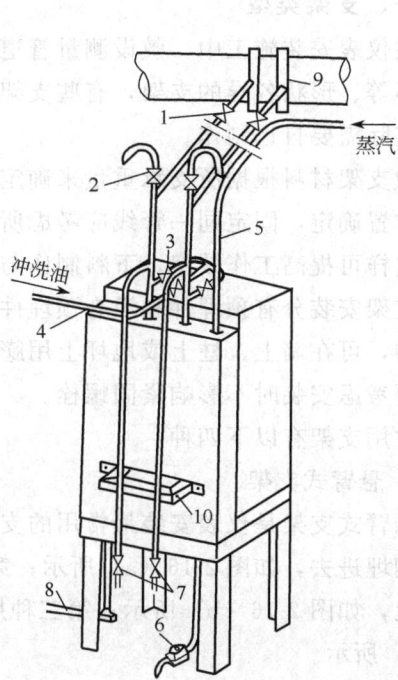

1—变送器架；2—就地指示表架；3—三阀组；4—导压管；
5—表接头；6—防爆开关；7—密封螺丝；8—保温箱；
9—底座；10—排污阀；11—伴热管；12—穿线管孔

图 2-15 保温箱外部配管

1—根部阀；2—放空阀；3—冲洗油平衡阀；4—冲洗油管；
5—蒸汽伴热管；6—疏水器；7—测量介质排污阀；
8—穿线管；9—取压法兰；10—导压管架

四、保温箱外部施工

保温箱内工作完成后，（如果）现场已具备条件，可及时到现场安装，保温箱应按照施工平面图规定的位置安装，也可根据实际情况适当调整。底座固定在楼板和地面上，可用膨胀螺栓固定或预埋铁件焊接。位于钢结构平台上的，可焊接在平台上。

工艺管道上取源部件及节流装置取压法兰装上以后，即可进行从取源点至保温箱之间的配管，如图 2-15 所示。

根据测量介质的性质，按施工图要求配制冲洗油管、蒸汽伴热管、放空阀、排污阀、冷凝罐和隔离罐等。

五、保温箱内装表

保温箱的仪表支架，采用直径 2″ 的立柱，长 300～400mm，然后用仪表自带的 U 形卡，把仪表固定在支架上，特别值得注意的是不管是变送器还是其他仪表，其显示部分要处于易观察的位置。

保温箱内装表、接线、配信号管完工后。立即将箱门封上，以保护仪表不会损坏。

第三节 各类支架制作安装

一、支架类型

在仪表安装施工中，敷设测量管道、气动管道、电气保护管和伴热管均需要制作许多尺寸不等、形状各异的支架，有些支架有施工图，可按施工图要求制作。而多数小型支架均按实际需要自选制作。

做支架材料根据所支承重量来确定，一般用角钢、扁钢或槽钢。尺寸、形状根据实际安装位置确定，固定同一管线应考虑所支承管线的固定位置，最好成批下料，钻固定管卡孔，这样可提高工作效率，下料制作与表盘及保温箱底座制作方法相同。

支架安装分有预埋件和没有预埋件两种情况，有预埋件的安装时可直接焊上。没有预埋件的，可在墙上、柱上或地坪上用膨胀螺栓固定，有框架或钢结构的可直接焊在上面固定。要考虑安装时不影响紧固螺栓。

常用支架有以下四种。

1. 悬臂式支架

悬臂式支架是仪表安装最常用的支架之一，有三种基本情况。第一种情况是采用打眼把角钢埋进去，如图 2-16（a）所示；第二种情况是有预埋件（或有可焊的钢结构），可直接焊上，如图 2-16（b）所示；第三种用膨胀螺栓固定一块铁板，然后再焊上去，如图 2-16（c）所示。

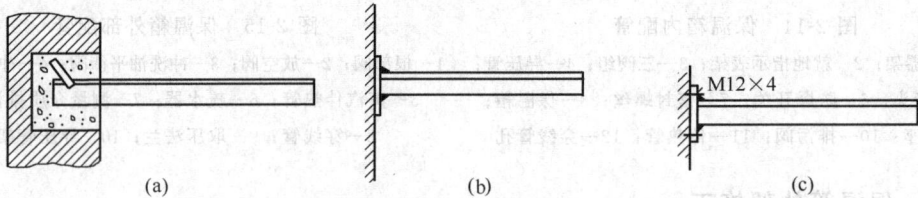

图 2-16 悬壁支架的基本形式

有时悬壁支架支撑强度较大，可以用加斜撑的方法予以加强，如图 2-17 所示。

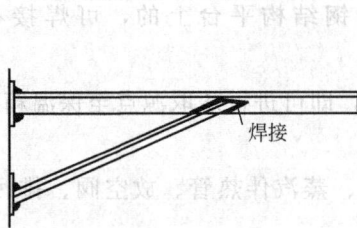

图 2-17 带支撑悬壁支架子   图 2-18 L 形支架示意图   图 2-19 槽形支架

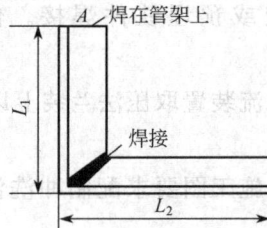

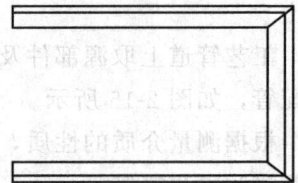

2. L 形支架

L 形支架也是仪表安装常用的支架之一，其结构如图 2-18 所示。

L_1 的长度由安装位置而定。L_2 的长度由敷设管道数目确定，角钢 A 端面焊在钢结构上或管架上，也可旋转 90°、180° 焊接，根据现场情况决定。

3. 槽形支架

槽形支架也是使用较多的支架之一，槽形结构如图 2-19 所示。

槽形支架的制作方法有两种。简单的分三段焊上，另一种按下图用锯锯开 90°，然后用锤弯成直角，再焊上，如图 2-20 所示。

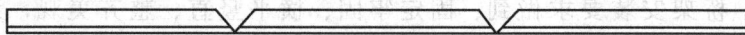

图 2-20　槽形支架制作

支架结构形式很多，选用哪一种，有施工图，一定要按图制作，没有施工图的可根据支承情况，现场安装，从整齐美观的角度出发，统一考虑选择哪一种。

二、桥架

桥架是长距离敷设的支架，是支承仪表管道的大型支架，桥架结构如图 2-21 所示。

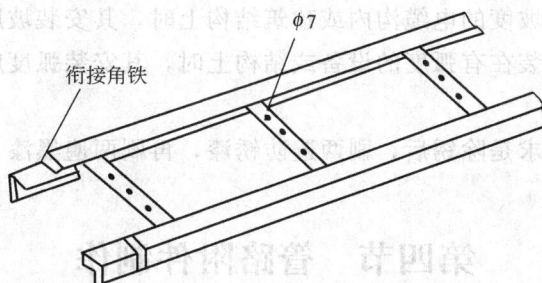

图 2-21　桥架

桥架长度由装置区长度确定，桥架宽度根据其支承的管道多少而定，一般总桥架，施工图上已规定了尺寸，分支桥架可根据现场实际情况确定尺寸。

安装桥架时，先在水泥柱的预埋件上焊上托臂，然后将桥架焊在短托臂上，如图2-22所示。

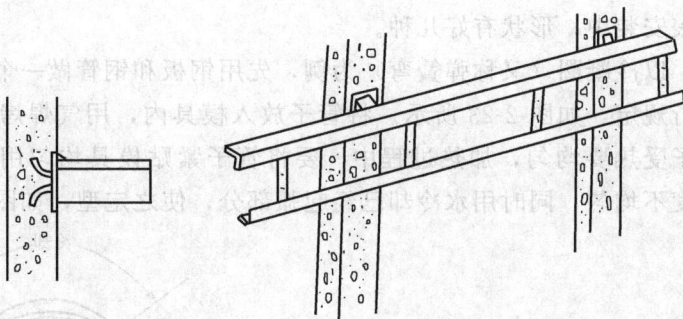

图 2-22　桥架安装

桥架是分段进行安装的，在施工中要相互配合，注意安全。

三、支架安装要求

（1）各支架间的距离应尽量相等，一般平整敷设电缆槽、金属保护管的间距宜为 2m，在拐弯处、终端处及其他需要的位置应设置支架。电缆直接固定于支架上时，水平敷设间距为 0.8mm，垂直敷设间距为 1m。

（2）无论何种类型的支架，在选料时均应考虑大小与被支承物相称。制作时，应将材料矫正平直，切口处不应有卷边和毛刺。制作好的支架应牢固、平正。

（3）在支架上确定管卡孔距时，要考虑管子的间距，注意安装后穿线盒盖子能否打开，导线能否穿进。金属焊接管应考虑留出焊接间距。

（4）支架、桥架安装要求做到：固定牢固、横平竖直、整齐美观，无法避免倾斜除外。

（5）支架一般不允许直接焊在工艺设备或工艺管道上。可采用 U 形螺栓或卡子固定。

（6）在允许焊接支架的金属设备和管道上，可采用焊接固定。当设备、管道与支架不是同一种材质或需要增加强度时，应预先焊接一块与设备、管道材质相同的加强板，再在其上焊接支架。

（7）支架不应与高温或低温管道直接接触。

（8）支架安装在有坡度的电缆沟内或建筑结构上时，其安装坡度应与电缆沟或建筑结构的坡度相同。支架安装在有弧度的设备或结构上时，其安装弧度应与设备或结构的弧度相同。

（9）支架的防腐要求是除锈后，刷两遍防锈漆，再刷两遍黑漆。

第四节　管路附件制作

仪表工程中许多辅助容器、管件、卡子等管路附件已逐步趋向规格化、系列化、成品化。成品管路附件的问世，大大方便了仪表安装施工，提高了安装进度和质量，但施工中偶尔也需个别制作情况，为此介绍几种管路附件的制作方法。

一、冷凝弯制作

冷凝弯是利用环状或 U 形状导压管冷凝作用，防止高温介质直接进入仪表的辅助管件，多用于压力表安装中，形状有好几种。

冷凝弯制作：以冷凝圈（又称弹簧弯）为例，先用钢板和钢管做一个弯管模具，直径大小根据需要自行规定，如图 2-23 所示。将管子放入模具内，用气焊烤将其逐段烘烤热煨，煨弯时，管子受热要均匀，加热过程中，要将管子紧贴模具均匀用力，不要操之过急，以免造成弧度不均匀，同时用水冷却已经起弧部分，使之定型，如图 2-24 所示。

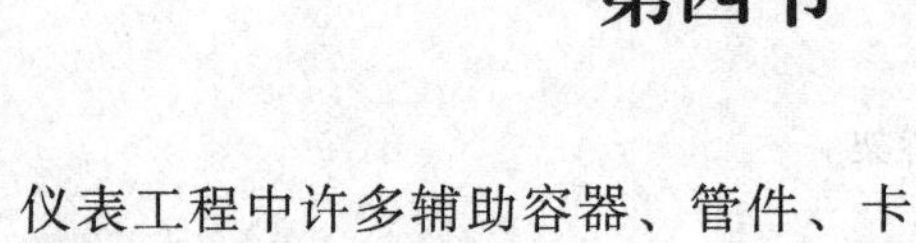

图 2-23　弯管模具弯管

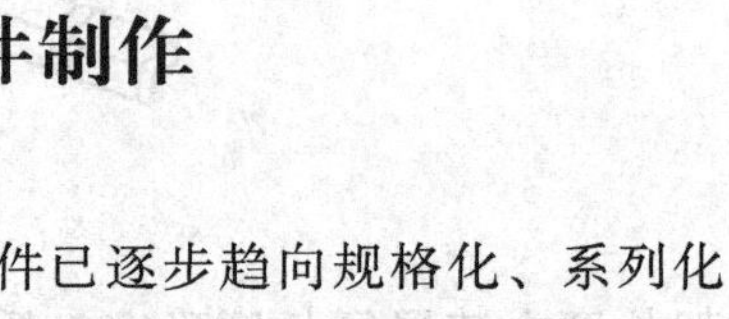

图 2-24　冷凝圈加热煨弯

弯制时，应尽量保持冷凝圈两端平行，如图 2-25 所示。

图 2-25　冷凝圈平放

其他冷凝弯制作方法与此基本相同。

二、测温扩大管制作

测温元件保护套管尾长超过工艺管道直径或受热部分不在最佳受热区时，需加扩大管，将工艺管道中一段直径扩大。制作方法有两种：一种是现场制作，另一种方法是按标准图制作。

1. 现场制作

扩大管规格见表 2-1，先用油毡纸或其他硬纸制作样板，如图 2-26 所示，剪去阴影部分，然后将纸样裹在钢管上，按样板在钢管上划线。用气焊割去阴影部分，并在 $L/4$ 处用气焊烘烤，使其硬度降低后砸弯。

表 2-1　扩大管的规格

序　　号	1	2	3	4	5	6	7	8
管道通径（DN）/mm	10	15	20	25	32	40	50	70
$\phi \times \delta$/mm 57×3.5 L/mm	340	300	300	250	250	250		
$\phi \times \delta$/mm 89×4.5 L/mm	340	340	300	300	300	250	250	250

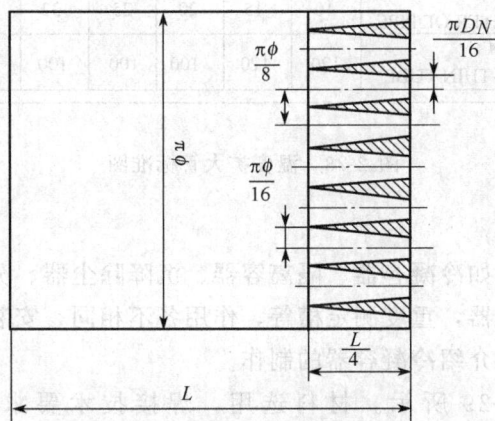

图 2-26　扩大管下料

注意：砸弯时，要从 8 个面均匀向里收，尽量保持扩大管与工艺管道能够同中轴，再将管口合拢焊上，如图 2-27 所示，其防腐要求同工艺管道。

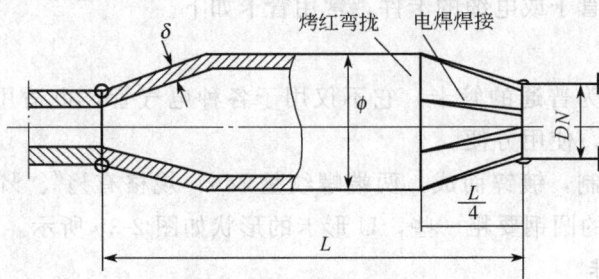

图 2-27　扩大管

2. 标准图制作

按标准图制作如图 2-28 所示。

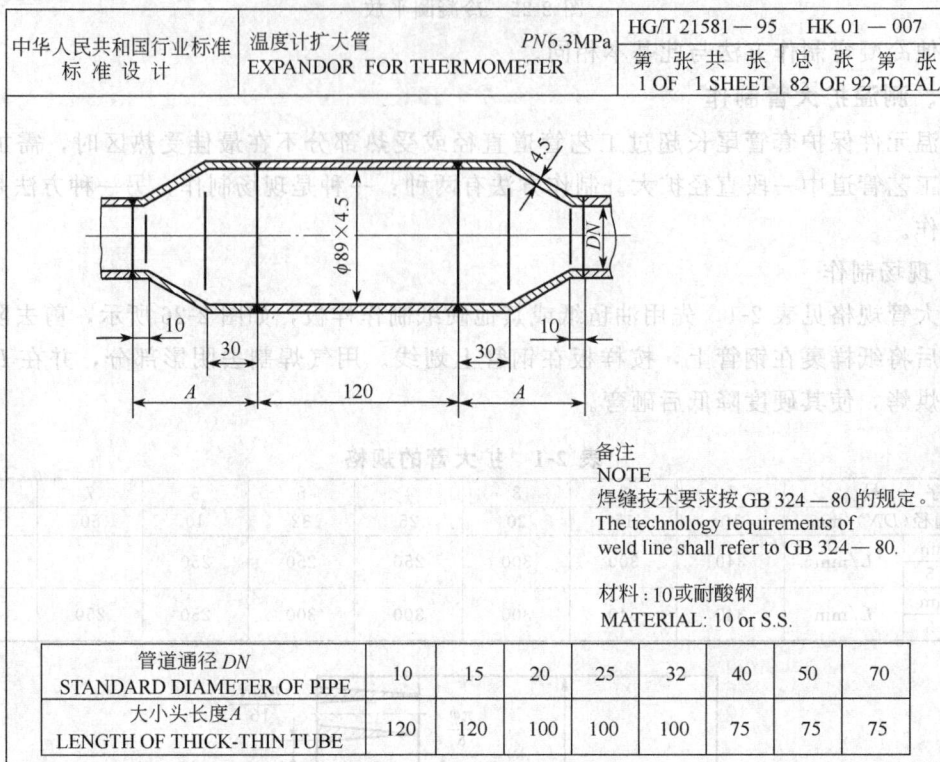

中华人民共和国行业标准 标准设计	温度计扩大管 EXPANDOR FOR THERMOMETER	*PN*6.3MPa	HG/T 21581—95　　HK 01—007
			第 张共 张 1 OF 1 SHEET	总 张 第 张 82 OF 92 TOTAL

备注
NOTE
焊缝技术要求按 GB 324—80 的规定。
The technology requirements of
weld line shall refer to GB 324—80.

材料：10或耐酸钢
MATERIAL: 10 or S.S.

管道通径 *DN* STANDARD DIAMETER OF PIPE	10	15	20	25	32	40	50	70
大小头长度*A* LENGTH OF THICK-THIN TUBE	120	120	100	100	100	75	75	75

图 2-28　温度扩大管标准图

三、辅助容器制作

仪表辅助容器很多，如冷凝容器、隔离容器、沉降除尘器、分离容器、冷却罐、汽化罐、水封容器、洗涤稳压器，重度测定槽等，作用各不相同，安装要求也各不相同，大多不需要现场制作，这里仅介绍冷凝容器的制作。

冷凝器制作如图 2-29 所示。材料选用，焊接技术要求都要按设计文件要求去做。

容器制成后要试压，要进行防腐处理，这些都要按设计文件要去做。

四、管卡制作

管卡是用来固定管子或电缆的卡件，常用管卡如下。

（一）U 形卡

U 形卡是使用最为普通的管卡，它不仅用于各种电气管，也适用于各种镀锌水煤气管，适宜固定单根管，使用方便。

U 形卡用圆钢弯制，镀锌而成。两端螺纹是 M5，规格有½″、¾″、1″、1¼″、1½″、2″。超过 2″的，制作的圆钢要粗一些，U 形卡的形状如图 2-30 所示。

（二）导压管口卡

（1）单面管卡　单面管卡形状，如图 2-31 所示。

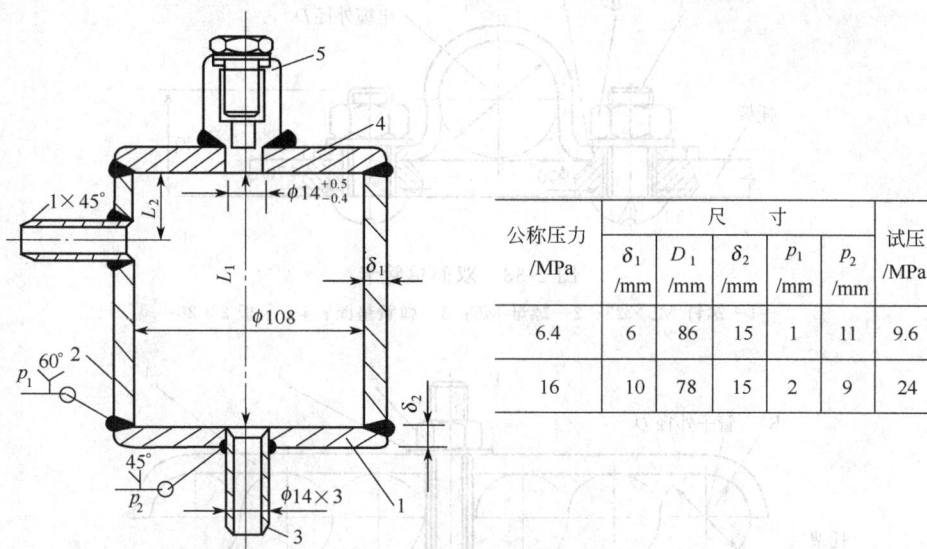

图 2-29　冷凝器制作图

1—底板，δ_2；2—筒体，$\phi108\times6$，$L_1=150$；3—接管，$\phi14\times3$，$L_2=55$；4—底板，δ_2；

5—M18×1.5 或 M20×1.5 丝堵

公称压力	尺　　寸						试压
/MPa	δ_1 /mm	D_1 /mm	δ_2 /mm	p_1 /mm	p_2 /mm		/MPa
6.4	6	86	15	1	11		9.6
16	10	78	15	2	9		24

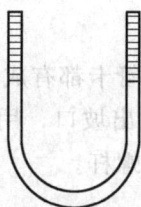

图 2-30　U 形卡

（2）双面管卡　双面管卡形状如图 2-32 所示。

（3）双面单管卡　双面单管卡形状如图 2-33 所示。

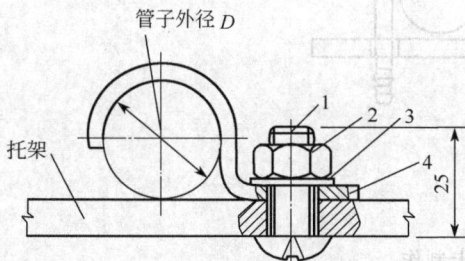

图 2-31　单面管卡

1—螺钉 M5×25；2—螺母 M5；

3—垫圈 5；4—卡板 2×20

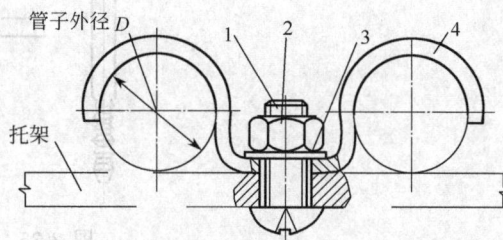

图 2-32　双面管卡

1—螺钉 M5×25；2—螺母 M5；

3—弹簧垫圈 5；4—卡板 2×20

（三）铜管卡

当一排管子紧凑排列安装时，可以采用这种管卡，铜管卡形状如图 2-34 所示。这种管卡适宜于 $\phi6$mm、$\phi7$mm、$\phi8$mm、$\phi10$mm 等铜管 2～10 根排列。

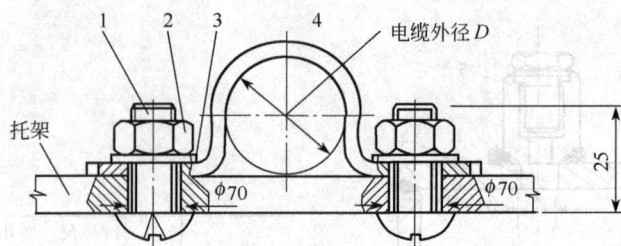

图 2-33 双面单管卡

1—螺钉 M5×25；2—螺母 M5；3—弹簧垫圈；4—卡板 2×20

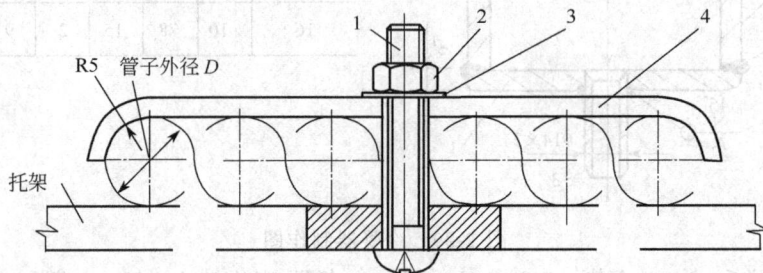

图 2-34 铜管卡

1—螺钉 M5×25；2—螺母 M5；3—弹簧垫圈；4—卡板 2×20

（四）钢筋卡制作

这里仅介绍钢筋卡制作，因为其他管卡都有成品供应，无需现场制作。将钢筋按要卡管子的直径取恰当长度截断。两头打磨出坡口，用板牙套丝，再弯制成形，如图 2-35 所示。也可将钢筋弯成形后，在两端焊上螺杆。

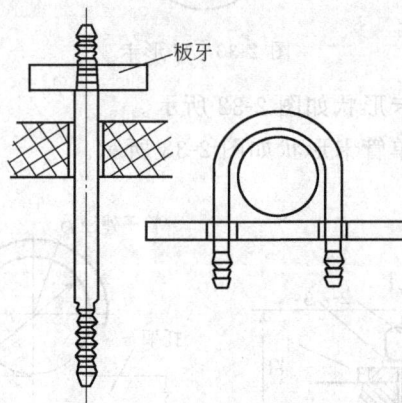

图 2-35 钢筋卡制作

第五节 仪表加工件和阀门

一、仪表加工件

为了检修方便，仪表工程中仪表、辅助容器、阀门、测量元件等，均用螺纹接头或法兰连接。仪表加工件是指仪表与仪表之间，仪表与工艺管道之间，工艺设备仪表与仪表管道之间，仪表管道与工艺管道之间，仪表配管、配线及其附属装置（如保护箱、仪表盘、配电盘、仪表桥架、电缆槽、仪表阀门等）之间的金属、塑料机械加工的总称，通常仪表加工件包括仪表接头，法兰和法兰紧固件，施工时选用完全根据施工图确定，不可用错。

（一）仪表接头

仪表接头也称仪表管件。它包括所有仪表的接头、仪表管道接头、仪表阀门接头、仪表取源部件接头、仪表电气接头、金属软管接头等。它品种繁多，规格各异，每种仪表接头都有其特定的功能和规格。

按其流通的介质分，仪表接头可分三种。第一种仪表接头流通的介质为工艺介质，即这种接头直接同工艺介质相接触。第二种仪表接头流通的介质为 0.7～0.8MPa 的压缩空气。第三种接头用于保护电缆、电线和补偿导线，如仪表电气接头和金属软管接头，它不承受压力，只是保证它所保护的导线不受机械损伤。

我国仪表接头生产已经标准化、系列化，其表示方法如下：

```
YZG □ - □□ - □□□□ - □□
```

- 接管尺寸
- 连接螺纹
- A 为接管≤φ14mm，B 为接管＞φ14mm
- 管件种类，用流水号表示
- 类别，用流水号表示

YZG 系列共有 16 大类。

1. 卡套式管接头（YZG1 系列）

卡套式管接头（YZG1 系列）适用于仪表各系统的检测管道，液压管道和其他管道。其公称压力分为 16MPa 和 32MPa 两大类，适用介质为油、气、水等，分微腐蚀和腐蚀两大类。制造材料为 20 号钢，1Cr18Ni9Ti，316 和 316L。接管的外径为 φ6mm、φ8mm、φ10mm、φ12mm、φ14mm、φ16mm、φ18mm、φ22mm 八种。连接螺纹有公制与英制两类。公制的有 M10×1、M14×1.5、M18×1.5、M20×1.5 和 M27×2 六种，英制的有 ZG1/8″、ZG1/4″、ZG3/8″、ZC1/2″和 ZC3/4″五种。

2. 铜制卡套式气动管道接头（铜管、尼龙管用）（YZG2）系列

铜制卡套式气动管道接头（YZG2 系列）适用于一般压缩空气管道，用于仪表各系统气源、信号管道、自控系统，在仪表的气动管道和装置中，它是应用很广的一种仪表接头，公称压力 $PN \leqslant 1.6$MPa，适用介质为空气或其他微腐蚀性气体，适用温度 $t \leqslant 150$℃（尼龙管为常温）。制造材料为黄铜或 3 号钢，表面镀铬。配管为外径为 φ6～14mm 紫铜管、铜管和尼龙管。

3. 铜制卡套气动管道接头（塑料管用）（YZG3 系列）

铜制卡套式气动管道接头（塑料管用）（YZG3 系列）是专门为塑料管而设计的，用于各系统的气源、信号管道及气动单元组合仪表装置中。该系列产品根据尼龙管用气动管道截止阀改制而成，同样适用于尼龙管（使用前用 100℃ 左右开水，将管端加温后插入产品即可安装）。适用于公称压力 $PN \leqslant 1.0$MPa 的系统，介质为空气，适用温度为常温。制

造材料为黄铜。配管为 $\phi6\times1$ 和 $\phi8\times1$ 塑料管和尼龙管。

4. 扩口式管接头（YZC4 系列）

扩口式管接头（YZC4 系列）用于自控系统的检测管道、液压管道和其他管道。公称压力为 8MPa 和 16MPa。适用温度根据使用介质与选用垫片而定。一般 $t\leqslant450℃$，制造材料为 20 号钢、1Cr18Ni9Ti、316 和 316L。配管为紫铜管、碳钢管和不锈钢管。

5. 焊接式管接头（YZC5 系列）

焊接式管接头（YZC5 系列）适用于自控各系统的检测管道、液压管道和其他管道。公称压力为 6.4MPa、16MPa 和 32MPa 三档，覆盖全部系列压力。适用介质为油、水、气等（分微腐蚀和腐蚀两类）。适用温度与使用介质和选用垫片有关，一般为 $t\leqslant450℃$，制造材料为 20 号钢、35 号钢、1Cr18Ni9Ti、316 和 316L。配管为普通无缝钢管。

6. 承插焊式管接头（YZC6 系列）

承插焊式管接头（YZC6 系列）适合于自控系统中的各种测量管道。公称压力 $PN\leqslant$ 16MPa。适用温度视介质温度和所选垫片而定，一般 $t\leqslant450℃$。制造材料为 20 号钢、1Cr18Ni9Ti、316 和 316L。

7. 内螺纹式管接头（YZC7 系列）

内螺纹式管接头（YZC7 系列）适用于自控系统的各种检测管道。公称压力为 16MPa。适用温度视介质和所使用垫片而定，一般 $t\leqslant450℃$。制造材料为 20 号钢、1Cr18Ni9Ti、316 和 316L。

8. 金属软管（挠性管）接头（YZG8 系列）

金属软管接头（YZG8 系列）与各种金属软管、金属挠性管相配合，具有保护电缆、免受机械损伤和隔爆的双重作用。

9. 橡胶管接头（YZG9 系列）

橡胶管接头（YZG9 系列）多用于取样或临时需要，正式自控系统用得不多。它有端部焊接与端部螺纹连接两大类，共计 15 个规格。材料一般选用 20 号钢。一端接胶管，接胶管的外径为 $\phi8mm$，接头内径为 $\phi4mm$，因此只适用于外径是 $\phi8mm$ 的胶管。

10. 电缆（管缆）接头（YZG10 系列）

电缆接头（YZG10 系列）应用范围相对较窄，仅适用于电缆、管缆，有填料函、填料盒、电缆管接头、屏蔽电缆管接头 4 类，共计 37 个规格。自控系统一般不使用。

11. 连接头（YZG11 系列）

连接头（YZG11 系列）又称管嘴，实质上是温度计的一次部件，也称温度计接头或温度计凸台，应用极为广泛。

12. 压力表接头（YZG12 系列）

压力表接头（YZG12 系列）是一种应用很广泛的接头，只要有压力表，就有 YZG12 系列的接头。

YZG12 系列接头制造材料要与管道材料相同或高于管道材料。常用的标准件的材质是 20 号钢、1Cr18Ni9Ti、316 和 316L，选用时，要高选一档。温度适用范围大，通常 $t\leqslant800℃$ 都能正常使用。

13. 玻璃板液位计接头（YZG13 系列）

玻璃板液位计接头（YZG13 系列）适用于各种容器的玻璃液位计上。适用温度 $t\leqslant$

800℃。材料为 20 号钢、1Cr18Ni9Ti、316 和 316L。公称压力为 $PN\leqslant6.4MPa$。

14. 短节（YZG14 系列）

短节（YZG14 系列）实质是取压部件。它适用于各种检测管道，特别是压力、流量、液位、公称压力 $PN=16MPa$。适应温度视介质与选定的垫片而定，一般 $t\leqslant450℃$。制造材料为 20 号钢、1Cr18Ni9Ti、316 和 316L。

15. 活接头（YZG15 系列）

活接头（YZG15 系列）是自控系统的辅助接头之一，适合于各种检测、信号和气源管道上。公称压力为 4MPa、10MPa、16MPa 和 32MPa。适应温度范围视介质与选用垫片而异，一般 $t\leqslant450℃$。材质为 20 号钢和 1Cr18Ni9Ti。

16. 堵头（YZG16 系列）

堵头（YZG16 系列）又称为丝堵。一般使用在已经开孔，并安装了接头，但暂时不用的场合，如吹扫、试压、加液、排气、排污、排液等场合，或安装正式仪表条件不具备。用丝堵暂时堵上。该系列产品适用于各种检测管道或工艺设备上，公称压力为 6.4MPa 和 16MPa、$t\leqslant450℃$ 的场合。制造材质是 20 号钢、1Cr18Ni9Ti、316 和 316L。

（二）法兰

法兰是仪表加工件的一个大类，总的可分为两类：一类是安装取源部件用，如压力、温度取源部件；另一类是安装仪表用。有一片法兰在设备上或仪表上，另一片法兰，施工时要根据施工图"配"上。"配"法兰时要认真、仔细，不能"配"错。

法兰所使用垫片的材料由管道介质的特性、温度及工作压力来决定。控制阀、孔板、转子流量计、电磁流量计等法兰使用的垫片与工艺管道法兰所选用的垫片相同。常用的有橡胶石棉垫片、金属石棉缠绕式垫片、金属垫片和透镜垫片，使用何种垫片，按施工文件要求，不可错用。

（三）法兰紧固件

法兰紧固件是指螺栓、螺母和垫圈。

螺栓的数目一般为 4 的倍数，这是便于对角法（又称十字法）拧紧。螺母的规格以"螺栓直径×螺栓长度"来表示。在选择螺栓与螺母材料时，要依据施工文件。

二、仪表安装常用阀门

阀门种类繁多，作用各异。了解各种阀门的基本特点和阀门类别、驱动方式、连接形式、密封面或衬里材料、公称压力、公称直径及阀体材料等基本情况，便于选用合适的阀门。

1. 阀门型号的标志说明

阀门型号由 7 个单元组成，如下所示：

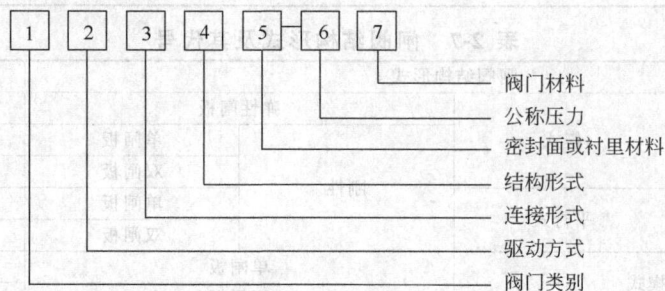

第一单元为阀门类别，用汉语拼音表示，见表 2-2。

表 2-2　阀门类别的代号

阀门类别	代　号	阀门类别	代　号	阀门类别	代　号
闸阀	Z	蝶阀	D	安全阀	A
截止阀	J	隔膜阀	G	减压阀	Y
节流阀	L	旋塞阀	X	疏水器	S
球阀	Q	止回阀	H		

第二单元为驱动形式，用阿拉伯数字表示，见表 2-3。

表 2-3　阀门驱动方式及其代号

驱动形式	代　号	驱动形式	代　号	驱动形式	代　号
电磁驱动	0	飞齿轮	4	液动	7
电磁-液动	1	锥齿轮	5	气-液动	8
电-液动	2	气动	6	电动	9
蜗轮	3				

注：1. 对于驱动形式为气动和液动的，又分常开（K）和常闭（B）两种。如气动常开用 6K 表示，液动常闭用 7B 表示。

2. 防爆电动用"9B"表示。

第三单元为连接形式，用阿拉伯数字表示，见表 2-4。

第四单元为结构形式，用阿拉伯数字表示。不同的阀门表示方法不同，见表 2-5～表 2-7。

表 2-4　阀门连接形式及其代号

连接形式	代　号	连接形式	代　号
内螺纹	1	焊接	6
外螺纹	2	对夹	7
法兰	3	卡箍	8
	4	卡套	9
	5		

注：焊接连接包括对接焊和承插焊。

第五单元为阀座密封面或衬里材料，用汉语拼音表示，见表 2-8。

第六单元为公称压力 PN，数值乘 0.1，单位是 MPa。

第七单元为阀体材料，用汉语拼音字母表示，见表 2-9。

表 2-5　截止阀与节流阀的结构形式及其代号

截止阀和节流阀结构形式		代　号
直通式		1
角式		4
直流式		5
平衡	直通式	6
	角式	7

表 2-6　球阀结构形式及其代号

球阀结构形式			代　号
	直通式		1
浮动	L 形	三通式	4
	T 形		5
	固定直通式		7

表 2-7　闸阀结构形式及其代号

闸阀结构形式				代　号
			弹性闸板	0
	楔式	刚性	单闸板	1
明杆			双闸板	2
	平行式		单闸板	3
			双闸板	4
暗杆楔式			单闸板	5
			双闸板	6

表 2-8 阀座密封面或衬里材料及其代号	
阀座密封面或补里材料	代 号
铜合金	T
橡胶	X
尼龙塑料	N
氟塑料	F
巴氏合金	B
合金钢	H
渗碳钢	D
硬质合金	Y
衬胶	J
衬铅	Q
搪瓷	C
渗硼钢	P

表 2-9 阀体材料及其代号	
阀体材料	代 号
HT25-27（灰铸铁）	Z
KT30-6（可锻铸铁）	K
QT40-15（球墨铸铁）	Q
ZG25Ⅱ（铸钢）	
H62（铜合金）	
1Cr18Ni9Ti	P
Cr18Ni9Ti12Mo2Ti	R
12Cr1MoV	V
Cr5Mo（铬钼钢）	I
高硅铸铁	G

注：由阀体直接加工的阀座密封面材料代号用"W"表示。当阀座和阀瓣（闸板）密封面材料不同时，用低硬度材料代号表示（隔膜阀除外）。

2. 阀门安装

首先，根据施工文件核对阀门是否符合所用的场合。再由钳工做阀门试漏、试压检查。无条件进行高压检查的，必须有厂家合格证方可安装。

安装时，阀上的"→"标记要与介质流动方向一致，不可装反。

思考与复习题

1. 集中式仪表盘安装形式有哪几种？

2. 常见的仪表盘有哪几种？

3. 在没有卷钢机械的场合，用什么方法制作圆弧形底座？

4. 仪表盘（柜、台）安装分哪三步进行，安装时注意哪些事项？

5. 用 45mm×45mm×4mm 的角钢做一个 500mm×600mm 的方框需要多长的料？

6. 保温箱安装要求是什么？

7. 常见的支架有哪几种？

8. 支架安装时有哪些要求？

9. 如何制作冷凝弯？

10. 制作扩大管如何下料？

11. 在 ϕ108mm 的工艺管道上固定支架，需做一个钢筋包卡。现有两个 30mm 长 M10 的螺栓和一根长 ϕ10mm 的钢筋，如何下料制作？

12. 仪表接头有哪几大类？

13. 解释下列阀门型号：

    J11W-16T；J11H-25C；J29W-320P；

    Q81SA-64T；Q11F-64C；Q93SA-64P。

14. 阀门安装时应怎样注意安装方向？

第三章 仪表管道、线路安装

仪表工程中从测量点到变送器，从变送器到控制室，从控制室到控制阀，以及控制室内部一些控制装置之间的联系是靠仪表管道、电缆导线来实现的。所以仪表管道、电缆敷设是仪表安装施工的重要组成部分。

第一节 仪表管道安装

一、仪表管道分类

根据仪表管道的作用不同，可大致分为以下几种。

1. 测量管道

仪表测量管道又称导压管、脉动管，用于从检测点向仪表传送被测介质的管道。由于仪表测量管道直接接触被测介质，所以测量管道材质与被测介质有无腐蚀性和操作条件有关。微腐蚀或不腐蚀介质，选用 20 号钢，弱腐蚀介质选用 1Cr18Ni9Ti 耐酸不锈钢。较强腐蚀介质采用不锈钢 316L 或其他含钼不锈钢，如果测量氯气和氯化氢等只能采用塑料管子。规格有 $\phi14\times2$、$\phi14\times3$、$\phi18\times2$、$\phi18\times3$、$\phi14\times4$、$\phi15\times4$ 无缝钢管或无缝合金钢管。

2. 信号管道

信号管道用于传送气动或液动控制信号的管道，信号管道常用尼龙管缆，铜管或不锈钢管，常用规格 $\phi6\times1$、$\phi8\times1$、$\phi10\times1$。

3. 气源管道

气源管道用于给气动仪表提供动力气源。材质镀锌管，规格有 1/2″、3/4″、1″、1¼″、1½″、2″，材质铜管，规格有 $\phi6\times1$、$\phi8\times1$、$\phi55\times3$。

4. 伴热管道

伴热管是为使生产装置和仪表设备、管道中的物料保持规定温度，而在设备、管道旁敷设加热源的管道。它的介质是 $0.2\sim0.4\text{MPa}$ 的低压蒸汽，20 号钢管，常用规格为 $\phi14\times2$、$\phi18\times3$，紫铜管常用规格为 $\phi8\times1$，$\phi10\times1$。

5. 其他管道

其他管道有特殊用途管子。如冲洗油管、放空管和排污管等。规格和材质同测量管道。各种管道的材质和规格见表 3-1。施工中按施工图上规定的选用，代用必须经设计人员书面批准。

二、仪表管道敷设前的准备工作

（一）核对管材

按施工图纸的材料表领取管材。并按施工图检查其材质规格是否符合要求。高压和有腐蚀性场合的管材，应有合格证明。合格证要保存好，作为交工资料。

表 3-1 仪表管道材质和规格

名　　称	管　　材	常　用　规　格
测量管道	无缝钢管 或不锈钢管	$\phi14\times2$、$\phi14\times3$(高压管) $\phi18\times3$
信号管道	尼龙管缆 铜管、不锈钢管	$\phi6\times1$、$\phi8\times1$ $\phi6\times1$、$\phi8\times1$、$\phi10\times1$
气源管道	镀锌管 铜管	$1/2''$、$3/4''$、$1''$、$1\frac{1}{2}''$、$1\frac{3}{4}''$、$2''$ $\phi6\times1$、$\phi8\times1$、$\phi55\times3$
伴热管道	无缝钢管 紫铜管	$\phi14\times2$、$\phi18\times3$ $\phi8\times1$、$\phi10\times1$
其他管道	无缝钢管	同测量管道

（二）防腐处理

仪表管道敷设分散，且管径小不容易刷漆，一般在敷设前要进行一次防腐刷漆。现场敷设后，再补刷因焊接或煨弯所致的油漆脱落处。

防腐方法是用钢丝刷或砂纸除去管子表面的锈迹，并用干布擦净，要求刷两遍防锈漆、两遍油漆（通常刷灰漆）。不锈钢管、铜管不必刷漆。

（三）脱脂处理

氧气能助燃，若管道和设备上有油脂，在氧气的作用下，可能发生燃烧，甚至发生爆炸。所以，凡以氧气作为介质（或其他特殊区域）的管道及管道附件（阀门、容器和加工件等），都必须进行脱脂处理。

1. 常用的脱脂溶剂

（1）工业用二氯乙烷，适用于金属件的脱脂。

（2）工业用三氯乙烯，适用于黑色金属和有色金属的脱脂。

（3）工业用四氯化碳，适用于黑色金属铜和有色金属的脱脂。

（4）工业用酒精（浓度不低于95.6％）脱脂性能较差，适用于要求不高的仪表、控制阀、阀门和管子的脱脂，也可作脱脂件的补充脱脂和擦洗液用。

（5）98％的浓硝酸，适用于硝酸装置的部分仪表、控制阀、阀门和管子的脱脂。

（6）10％的 NaOH 溶液，适用于铝制品的脱脂。

（7）蒸汽吹洗，适用于允许用蒸汽吹洗的设备和管道。

使用四氯化碳，二氯乙烷和三氯乙烯脱脂时，脱脂件应干燥，无水分。

需要特别说明的是脱脂溶剂不能混合使用，且不能与浓酸、浓碱相接触。

2. 脱脂方法

（1）有明显油污或锈蚀的管子，需先清除油污和铁锈，再脱脂。

（2）易拆卸的，先拆下，再放入脂脱溶剂中浸泡，浸泡时间为1~2h。

（3）不易拆卸的，可采用灌注脱脂溶剂法，灌注后浸泡不少于2h。

（4）管子内表面脱脂时，可采用在脱脂槽内浸泡的方法，浸泡时间为1~1.5h，也可采用白布浸蘸脱脂溶剂反复擦洗的方法。

（5）采用擦洗脱脂，不能使用棉纱，要使用不易脱落纤维的布和丝绸。脱脂后必须仔细检查，严禁纤维附在脱脂件表面上。

用 NaOH 溶液脱脂时，应将溶液加热至 60～90℃，浸泡脱脂件 30min，用水冲洗后再将脱脂件放入 15％HNO$_3$ 溶液中中和，然后用清水洗净风干。所有脱脂件脱脂后要进行自然通风，或用清洁、无油、干燥的空气或氮气吹干，直至无溶剂气味为止。允许用蒸汽吹洗时，可用蒸汽吹洗。

3. 脱脂检验

脱脂是否合格，必须进行检验。

（1）采用直接检验时，符合下列规定条件之一的视为合格。

① 用清洁、干燥的白滤纸擦洗脱脂件表面，纸上无油迹。

② 用紫外线灯照射脱脂件表面时，无紫蓝荧光。

（2）用间接法检验时，符合下面规定条件之一时视为合格。

① 用蒸汽吹洗脱脂件，取数粒（颗粒小于 1mm）樟脑放入蒸汽冷凝液内，颗粒不停地转动。

② 用浓 HNO$_3$ 脱脂时，分析其酸中所含有机物的总量，不应超过 0.03％。

脱脂合格的管材和附件应及时组装或密封保存并加标志。安装时所用的工具、量具也要预先进行脱脂。试压时亦不可使用含油质的介质。

（四）试漏

做信号管道用的尼龙管，管径小、管线长、易老化，室外又常用多芯管缆，容易因一

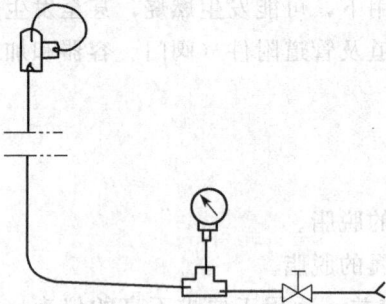

管线出问题，造成系统回路之间相互牵连。因此，敷设前要进行试漏检查。检查方法是用微型管三通接头将管缆一端封死。从另一端通入 0.1MPa 的气源压力，停压观察 5min，若不降压为合格。合格后，从封死一端放压，检查管线有无堵塞现象。试漏法如图 3-1 所示。

（五）试通

ϕ6mm、ϕ8mm、ϕ10mm 微型管，内径小容易堵

图 3-1 管缆试漏

塞，所以每一段管在配管、焊接前后都要检查是否通，检查方法为：吹一吹，若被堵塞，要及时排除，否则，仪表将很难正常工作。因此，施工中应该特别细心，以免留下隐患。

三、仪表管道敷设

（一）仪表管道弯制

仪表管道敷设中，经常需要改变管道方向，改变仪表管道的方法是把管子弯成一定角度。70mm 以下的钢管可以冷弯，15mm 以下的管子可以直接用手弯。直径不超过 30mm 的管子可用手动弯管器，直径为 30～70mm 的钢管要用电动弯管器。

直径超过 70mm 的管子只能采用热弯。加热前，管子应灌满干净细砂（可用 1.5mm×1.5mm 的筛子筛选），在灌砂时应敲打管子，把砂捣紧，砂灌满后，管子两端用木塞或黏土塞住。

为了不使管子煨弯时出现管子变瘪的现象，弯制时需要有一定的弯曲半径。如果是热煨，弯曲半径可以小一些，冷煨时则弯曲半径大一些。最小弯曲半径与管子外径的关系如下：无缝钢管、铜管是 3～4 倍；高压管是 5 倍以上；镀锌管为 7～10 倍。

弯曲半径的尺寸一般取整数。例如：$\phi 14 \times 2$ 钢管的弯曲半径可取 $60mm$，是管子外径的 4 倍左右。

1. 煨 90°弯

煨 90°弯的方法如下。

（1）根据管外径确定弯曲半径 R。

（2）管子煨之前的划线方法，如图 3-2 所示，从管口量出管子实际需要弯起的高度 H，以 o 点为基准，从 o 点向前量出 $oa = R$，向后量出 $ob = 0.57R$。

（3）以 ab 为弧长，均匀弯曲 90°，即可确保 H 尺寸准确。

2. 煨 45°来回弯

（1）量出来回弯的管中心距离 L 的长度，如图 3-3 所示。

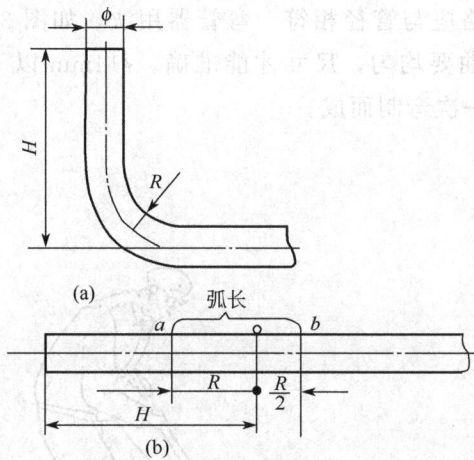

图 3-2　煨 90°

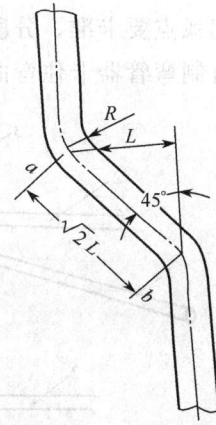

图 3-3　煨 45°来回弯

（2）求 ab 长度，使 $ab = \sqrt{2}L$。

（3）以 a、b 两点为弯曲中心点，$R/2$ 为弯曲弧长，向正反两个方向弯曲成 45°，要求两段直管平行，保证 L 距离的准确。

3. 煨高压管

用法兰连接的高压管，需要在管子两端车纹。车纹前，要量好管子的实际长度，如图 3-4 所示。H 和 h 均可用尺子量出来，而 ab 弧长不易量出，从图中可以看出：$ao + ob = 2R$，$ab = \pi/2R = 1.57R$。由此可知，a、b 之间，用尺量出的两段直线长度之和与煨成弧线长度之间有个差值：$2R - 1.57R = 0.43R$。因此，每煨一个 90°弯头要扣除 $0.43R$ 的长度。图 3-4 中管子实际长度为 $(H + 2h) - 2 \times 0.43R$。

高压管要冷煨，要求一次弯成，不允许回弯。弯制后，应无裂纹和凹陷。

有的高压管是煨成形后，两端再焊接上车丝短管，对接时，要注意保持两者的同心。焊接高压的焊工。必须持证上岗。

成批煨制的管子，弯曲半径确定后，可使用弯管器和弯管模具（见第二章第四节）。弯管器可自制，$\phi 14mm$ 弯管器形状，如图 3-5（a）所示。它是用钢筋和螺帽焊接而成，螺帽上锯开 $15mm$ 口子，如图 3-5（b）所示。$\phi 6mm$ 弯管器是用 $\phi 10mm$ 钢筋和 $\phi 30mm$ 短

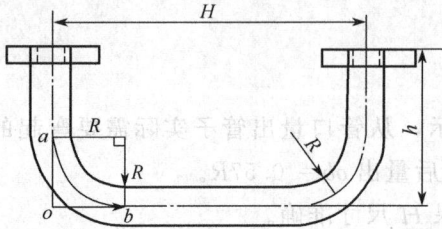

图 3-4　煨高压管

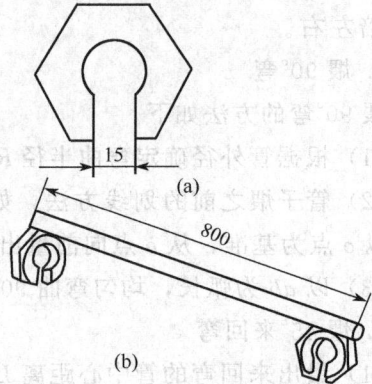

图 3-5　φ14mm 弯管器

管焊接而成，如图 3-6 所示。弯管器的规格应与管径相符，弯管器用法，如图 3-7 所示。煨弯时起弧点要卡准，分段起弧，弧度弯曲要均匀，尺寸才能准确。φ14mm 以下的管子可以用自制弯管器卡住弯曲弧度的两端，一次弯制而成。

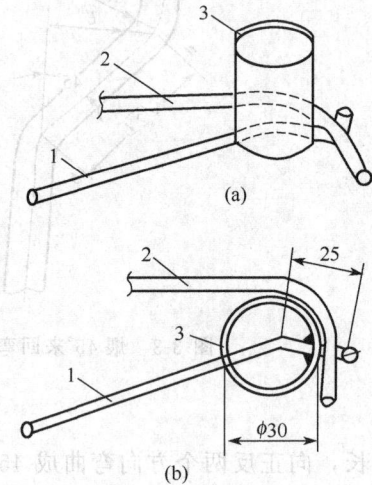

图 3-6　φ6mm 弯管器

1—钢筋；2—钢管；3—短管

图 3-7　弯管器弯管

（二）仪表管道敷设要求

仪表金属管道施工，应符合《工业金属管道工程施工及验收规范》（GB 50235—97）和《自动化仪表工程施工及验收规范》（GB 50093—2002）中的规定。

1. 仪表测量管道

（1）测量管道不应强求集中，以免管线过长造成滞后现象。在满足测量要求的条件下，应尽可能按最短路径敷设。

（2）仪表测量管道水平方敷设时，根据不同测量介质和测量要求，有（1∶10）～（1∶100）的坡度，其倾斜方向应保证能排除气体或冷凝液。当不能保证时，应在管道的集气处安装排气装置，在集液处安装排液装置。

（3）测量管道一般用气焊对口焊接，高压管道分支时采用三通连接，三通材质应与管道相同。

（4）测量管道穿墙或过楼板处，应加保护套管或保护罩，管道的接头不应在保护套管内或保护罩内，管道穿过不同等级的爆炸、危险区域和有毒场所的分隔间壁时，保护套管和保护罩应密封。

（5）测量管道与设备、其他管道或建筑物表面之间的距离应大于 50mm，测量油类及易燃易爆物质的管道与热表面之间距离应大于 150mm，且不应平行敷设在其上方。

（6）测量差压正、负压管，应安装在环境温度相同的地方。减少因环境温度不同而产生的误差。

（7）测量管道与玻璃管微压计连接时，应采用软管，管道与软管连接处，应高于仪表接头 150～200mm。

（8）测量管道与高温设备、管道连接时，应采取热膨胀补偿措施。

2. 信号管道

（1）信号管道应集中敷设，不需考虑坡度问题，要求横平竖直，排列整齐。需要交叉管子，应引至接管盒内连接。

（2）信号管道长度不应超过 50m，当管道过长时，要加继动器增加传递功率。

（3）尼龙管要避开高温和阳光直射，以防老化，同时，也要注意避开工艺介质排放口及泄漏场合。敷设管缆时要注意留出备用管，并有长度余量。

（4）当无法避免中间接头时，应采用卡套式中间连接，也可采用承插法或套管法焊接。承插入方向应顺着流体流向。套管法焊接，如图 3-8 所示，铜管用气焊焊接，不锈钢管用氩弧焊接。每焊接一处，都要吹气检查一下是否有堵塞或气体不畅现象。

（5）暂时不能对接的管口，均要用胶布包好。

3. 气源管道

（1）气源管道采用镀锌钢管时，应采用螺纹连接，不允许焊接，以免破坏镀锌层，拐弯处应采用弯头，连接处必须密封；缠绕密封带涂抹密封胶时，不应使其进入管内。采用无缝钢管，应焊接连接，焊接时焊渣不应落入管内。

图 3-8 套管法焊接

（2）减压过滤器出口至仪表之间应配铜管、不锈钢管或尼龙管。

（3）气源系统配管应整齐美观，其末端和集液处应有排污阀，水平管上的支管引出口，应在干管的上方。

（4）气源总管选择管径时，应考虑仪表耗气量，应符合设计规定，表 3-2 为参考。

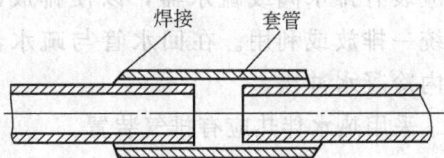

表 3-2 供气管径选择

管 径		流量/	供气点数		管 径		流量/	供气点数	
英寸	公称通径/mm	(Nm³)·h⁻¹	室内	室外	英寸	公称通径/mm	(Nm³)·h⁻¹	室内	室外
1/2″	15	14	24	12	1½″	40	95	170	85
3/4″	20	25	44	22	2″	50	460	288	144
1″	25	41	74	37	2½″	70	261	476	238
1¼″	32	72	132	66	3″	80	365	660	330

（5）控制室内气源总管应有不小于 1∶500 的坡度。

（6）气源管道没吹扫之前，不允许与仪表相接。以免杂物冲进表内。吹扫合格检验方法为：排出的吹扫气运用涂白漆的制靶枚检验，1min 内板上无铁锈、尘土、水分及其他杂物。

（7）气源系统吹扫完毕后，控制室气源、就地气源总管的入口阀和干燥器及空气贮缸入口、出口阀，均应挂上"未经许可不得关闭"的标志。

4．伴热管道

（1）当伴热方式为重伴热时，伴热管道应与仪表及仪表测量管道直接接触，如图 3-9（a）所示。大多数伴热方式为轻伴热，伴热管线与仪表及仪表管道不应直接接触，可用一层石棉板加以间隔，如图 3-9（b）所示。碳钢伴热管与不锈钢管道不应直接接触。

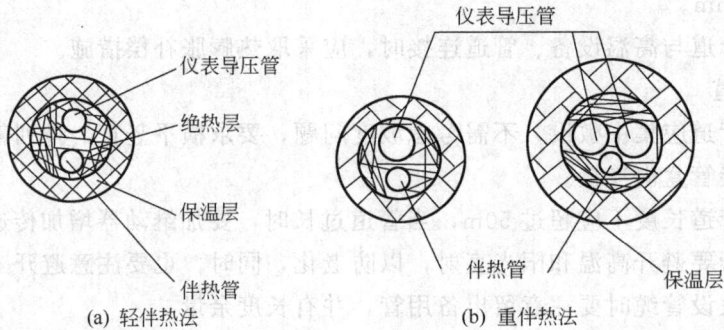

图 3-9 仪表管线的蒸汽伴热和保温法

（2）采用蒸汽伴热的伴热管应单回路敷设，不可相互串联。蒸汽伴热，在回路最低处应装有排水阀或疏水器，以便排放冷凝水。冷凝水可直接排入地沟。也可引入回水管统一排放或利用。在回水管与疏水器之间要加一个截止阀，以免检修疏水器时回水管内冷凝水冲出。

采用热水伴热应有排气装置。

（3）伴管的连接宜采用焊接，固定不应过紧，应能自由伸缩。

（4）伴管通过被伴热的液位计、阀门、隔离器附件时，宜设置活接头。

（5）伴管试压防腐后，用石棉绳或玻璃棉与测量管道一同包扎保温。

5．冲洗油管道

（1）冲洗油管道引入口要加一个止回阀，以免冲洗突然中断时介质倒流到冲洗油管中。

（2）冲洗油引入差压变送器时，应保证正负压室内压力平衡，既要加平衡阀。

（3）冲洗油管应设有回油管，以便循环使用。

四、仪表管道吹扫

仪表管道敷设完成之后，除穿线管外所有管道均要进行吹扫。凡与工艺管相连的管道，如测量管道、伴热管道、冲洗油管道等，可以在工艺管道基本吹扫干净后，打开仪表管道根部阀，使带压空气进入管路，再打开排污阀，将管子里的杂物随带压空气冲出。信号管道和气源管道可用气源压缩空气进行吹扫。

注意：管道吹扫时，管道与仪表的连接头必须拆卸开，以防杂物进入仪表内。直接安装在工艺管道上的仪表要在工艺管道吹扫之后安装。防止工艺吹扫时管道内杂物损伤仪表。

五、仪表管道试验

管道吹扫之后要进行强度试验和气密试验，检查管件、阀门及管道焊接的质量，加工件的密封性能，管路、阀门通塞情况以及安装中未发现的问题。为安全开通投入运行打下基础。

1. 强度试验（又称试压）

强度试验是检验仪表管道承受压力状况，液体试验压力应为1.5倍设计压力，一般用洁净水从导压管的一端打压，当达到试验压力后稳压10min，再将试验压力降至设计压力停压10min，以压力不降、无渗漏为合格。然后从管子另一端将水放掉，以便检查管道疏通情况。冬季试压后要及时将水放干净，以免冻裂管子和阀门。当对奥氏体不锈钢管进行试验时，水中氯离子含量不得超过25mg/L。注意：直接安装在工艺管道上的仪表（如节流装置、靶式流量计、控制阀等）应在工艺管道吹扫之后、试压之前安装，与工艺管道一同试压，其他仪表不允许同工艺管道一起试压。

2. 气密性试验

信号管道、气源管道要做气密试验，一般用气源压缩空气或 N_2 进行。气体试验压力应为1.15倍设计压力，试验时应逐步缓慢升压，达到试验压力后，稳压10min再将试验压力降至设计压力，停压5min以发泡剂检查不泄露为合格。若查出泄漏部位及时处理，直到试验合格为止。

当工艺系统规定进行真空度或泄漏性试验时，其内仪表管道系统应随同工艺系统一起进行试验。

第二节　仪表线路安装

仪表的电气线路可分为信号线路、仪表供电线路、安全联锁线路、补偿导线及本质安全型仪表线路和仪表其他特殊线路，这些线路都用电线或电缆连接。

一、仪表电缆分类

仪表工程中常用电线，电缆有绝缘导线、补偿导线、电缆和屏蔽电缆等几种。

1. 绝缘导线

绝缘导线有橡皮绝缘电线和聚氯乙烯电线（塑料线）两种，其型号及名称见表3-3。

表 3-3　常用绝缘电线及其主要用途

型　号	名　　称	主　要　用　途
BXF	铜芯橡皮电线	供交流500V,直流100V电力用线
BXR	铜芯橡皮软线	同BXF，但要求柔软电线时采用
BV	铜芯聚氯乙烯绝缘电线	同BXF，也可作仪表盘配线用
BVR	铜芯聚氯乙烯绝缘软线	同BXR
RVZ	中型聚氯乙烯绝缘及护套软线	作交流500V以下电动工具和较大的移动式电器连接
KVVR	多芯聚氯乙烯绝缘护套软线	作交流500V以下的电器仪表连接
FVN	聚氯乙烯绝缘尼龙护套电线	作交流250V,60Hz以下的低压线路连接

聚氯乙烯绝缘电线有很多种，BV 为单股铜芯总线，其标称截面积分别为 0.5mm²、0.75mm²、1.0mm²、1.5mm²、2.5mm² 和 4.0mm²。其中 0.75mm²、1.0mm² 和 1.5mm² 三种多用仪表盘配线。

BXR、BVR 的线芯为多股铜丝，比较柔软，适合于盘后配线等。

2. 补偿导线

补偿导线是热电偶连接线，是为补偿热电偶冷端因环境温度的变化而产生的电势差。不同型号和分度号的热电偶要使用与分度号一致的补偿导线。否则，不但得不到补偿，反而会产生更大的误差。补偿导线在连接时要注意极性，必须与热电偶极性一致，严禁接反，极性可以从绝缘皮颜色来辨别。

补偿导线在 0～100℃ 范围内的热电特性与热电偶本身的热电特性相一致，这样才能起到冷端延伸补偿的作用。表 3-4 是几种常用热电偶补偿导线的技术特性。

表 3-4 常用补偿导线技术特性

热电偶名称	型号	正 极		负 极		冷端为 0℃，热端为 100℃ 时标准热电势/mV	电阻值/Ω·m⁻¹		
		材料	颜色	材料	颜色		1mm²	1.5mm²	2.5mm²
铂铑-铂	WRP(S)	铜	红	铜镍	绿	0.634±0.023	0.05	0.03	0.02
镍铬-镍硅 镍铬-镍铝	WRN(K)	铜	红	康铜	蓝	4.10±0.15	0.52	0.35	0.21
镍铬-考铜	WRK(E)	镍铬	红	考铜	黄	6.95±0.30	1.15	0.77	0.46
铜-考铜	WRT(T)	铜	红	考铜	黄	4.76±0.15	0.5	0.33	0.20

注：1. 型号中（ ）内表示该热电偶分度号。

2. 表中颜色是指绝缘橡皮颜色，不是补偿导线金属丝的颜色。

在电磁干扰较强的场合，要采用带屏蔽层的补偿导线。其屏蔽层采用 0.15～0.20mm 的镀锡铜丝或镀锌铜丝编织，屏蔽层接地。

补偿导线分单芯线（硬线）和多芯（软线）两种。单芯线使用广泛，多芯线适用于较复杂的接线，例如仪表盘后的配线。

补偿导线要穿保护管敷设或在电缆槽内敷设。

补偿导线的截面积有 0.5mm²、1.0mm²、1.5mm² 和 2.5mm² 四种，常用的是 1.5mm² 和 2.5mm²。

多芯（多对）补偿导线，例如 30 芯（15 对），适用于测温点比较集中的分线箱或接线箱进行连接。

3. 电缆

仪表用电缆除专用电缆外分控制电缆和动力电缆两种。仪表用电负荷较小，动力电缆比较细。铜芯电缆有 1.0mm²、1.5mm²、2.5mm² 和 4.0mm² 四种，铝芯电缆有 1.5mm²、2.5mm²、4.0mm² 和 6.0mm² 四种。仪表外部供电（如控制室供电）由电气专业考虑。

控制电缆是仪表专业使用的主要电缆。由于对线路电阻有较高要求，故控制电缆全是铜芯。它主要用在电动仪表连接、DCS 外部连接、系统信号、联锁、报警线路。其标准截面大多采用 1.5mm² 和 2.5mm²，偶尔使用 0.75mm² 和 1.0mm²。

控制电缆有 2 芯、3 芯、4 芯、5 芯、6 芯、8 芯、10 芯、14 芯、19 芯、24 芯、30 芯和 37 芯 12 种规格。DDZ-Ⅲ型仪表采用 2 芯电缆，热电阻采用三线制连接，使用 3 芯和 4

芯电缆。电缆槽作为电缆架设的主要形式，中间常采用接线箱，使电缆槽中主电缆与从现场来的通过保护管的分支电缆连接，因此主电缆槽中电缆可采用 30 芯和 37 芯电缆。

仪表常用的控制电缆见表 3-5。

表 3-5 控制电缆型号、名称及用途

型　号	名　称	用　途
KYV	铜芯聚乙烯绝缘、聚氯乙烯护套控制电缆	敷设在室内、电缆沟中、穿管
KVV*	铜芯聚氯乙烯绝缘、聚氯乙烯护套控制电缆	同 KYV
KXV	铜芯橡皮绝缘、聚氯乙烯护套控制电缆	同 KYV
KXF	铜芯橡皮绝缘、聚丁护套控制电缆	同 KYV
KYVD	铜芯聚乙烯绝缘、耐寒塑料护套控制电缆	同 KYV
KXVD	铜芯橡皮绝缘、耐寒塑料护套控制电缆	同 KYV
KXHF	铜芯橡皮绝缘、非燃性橡套控制电缆	同 KYV
KYV$_{20}$	铜芯聚乙烯绝缘、聚氯乙烯护套内钢带铠装控制电缆	敷设在室内、电缆沟中、穿管及地下，能承受较大的机械外力
KVV$_{20}^*$	铜芯聚氯乙烯绝缘、聚氯乙烯护套内钢带铠装控制电缆	同 KYV$_{20}$
KXV$_{20}$	铜芯橡皮绝缘、聚氯乙烯护套内钢带铠装控制电缆	同 KYV$_{20}$

注：带 * 者为仪表安装常用。

仪表专用电缆随仪表设备一起到货。

4. 屏蔽电线和屏蔽电缆

仪表为防止电磁波干扰，要使用屏蔽电线和屏蔽电缆，常见屏蔽电线型号见表 3-6。

表 3-6 常用屏蔽电线型号及主要用途

型　号	名　称	主　要　用　途
BVP	聚氯乙烯绝缘金属屏蔽铜芯导线	用于防强电干扰的场合，环境温度为 $-15 \sim +65$℃
BVVP	聚氯乙烯绝缘金属屏蔽护套铜芯导线	同 BVP，但能抗机械外伤
BVPR	聚氯乙烯绝缘屏蔽铜芯软线	用于弱电流电器及仪表连接
RVVPR	聚氯乙烯绝缘聚氯乙烯护套屏蔽铜芯软线	同 BVP

屏蔽电线有 1 芯、2 芯、3 芯。屏蔽电缆是仪表供电用的。其每芯由 7 根直径为 0.52mm 的镀锡铜线绞合而成，用硅橡胶绝缘，使用环境温度为 $-60 \sim 250$℃，250V AC 以下动力系统。

二、电缆槽安装

电缆槽用于长距离敷设电缆，它具有结构简单、配置灵活、安装方便等优点。得到广泛的应用。

电缆槽分梯级式、托盘式、槽式三大类型。如图 3-10 所示。连接方式有铰链式、直接板式两种。各类电缆槽配有钢立柱底座、钢立柱、托臂、预埋（膨胀）螺栓及连接螺丝、隔板等配件。

（一）电缆槽安装方法

仪表安装中多采用托盘和槽式电缆槽，施工中通称为槽盒。图 3-11 是电缆槽平面敷设示意图。图 3-12 是图 3-11 的 A—A 剖面图，借以显示电缆槽总的安装情况。

装配方法为：首先用螺栓将工字钢底座固定在所需要的位置上。再把工字钢立柱按需要固定（悬挂式、壁侧式或直立式），然后用托臂固定卡板，将托臂固在立柱上。最后，将电缆槽用固定压板固定在托臂上。根据不同的要求再安装上隔板、盖板、引管等。

三类电缆槽均配有各种规格的水平弯通、水平三通、水平四通、垂直弯通、异径接

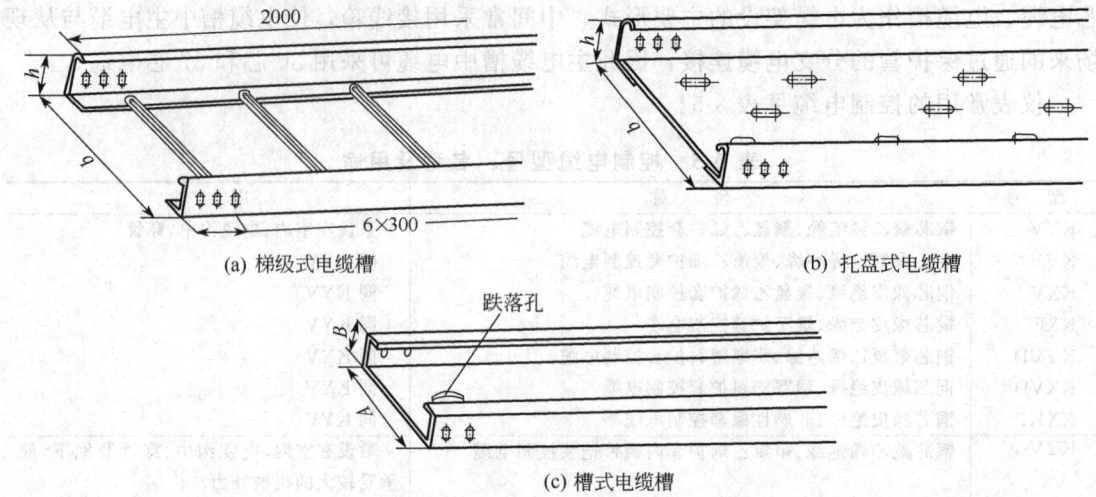

(a) 梯级式电缆槽　　　　　　　　　　　　　(b) 托盘式电缆槽

(c) 槽式电缆槽

图 3-10　电缆槽

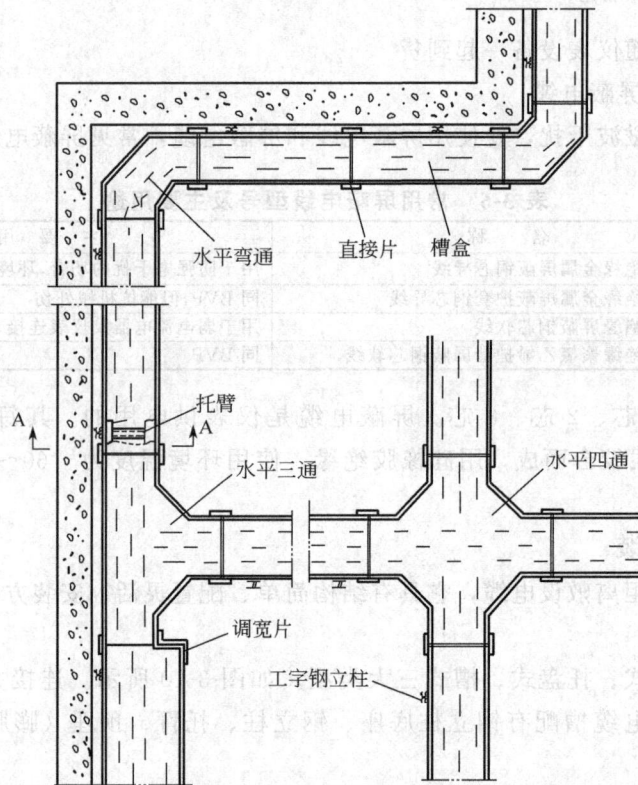

图 3-11　电缆槽平面敷设

（A—A 剖面见图 3-12）

头、调宽板等。施工十分方便。

　　（二）电缆槽煨弯方法

　　在施工中常会遇到供货品种不齐全或现场情况变化需要小修小改的情况，以下介绍几种电缆槽煨弯方法。

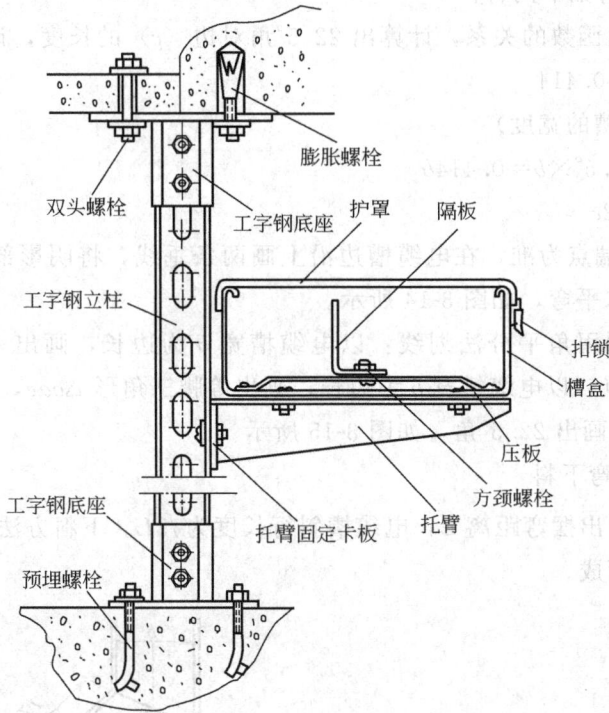

图 3-11 A—A 剖面

图 3-12 电缆槽总装配图

1. 90°水平弯

电缆槽 90°水平弯是将电缆槽的平面割掉两个以 45°角为顶角的等腰三角形，然后弯制成形，如图 3-13 和图 3-14 所示。

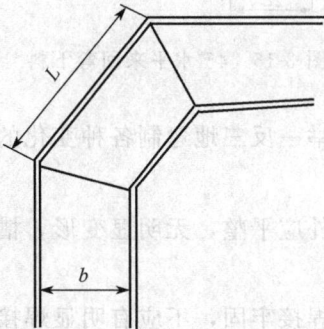

图 3-13 电缆槽 90°水平弯

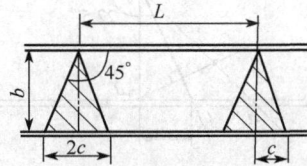

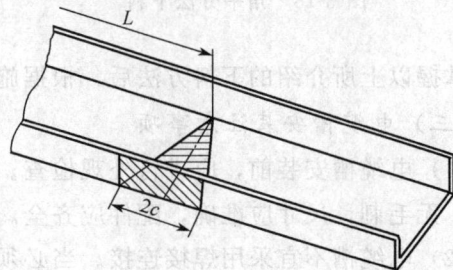

图 3-14 电缆槽 90°水平弯下料

90°水平弯划线方法是从折弯顶点向对边画一垂线，再由此顶点向垂线两边各画 22.5°夹角的线，构成 45°角的等腰三角形。

22.5°角的画法有如下两种。

一种是利用三角函数的关系，计算出 22.5°角对边（c）的长度，计算方法如下。

因为 $\tan 22.5°=0.414$

邻边 $=b$（电缆槽的宽度）

所以：$c=\tan 22.5°\times b=0.414b$

45°角对边长为 $2c$

以 $2c$ 线段两个端点为准，在电缆槽边沿上画两条垂线，将阴影部分锯下（不可用气割），折弯即成 90°水平弯，如图 3-14 所示。

另一种方法是利用角平分法划线：以电缆槽宽 b 为边长，画出 45°角的直角三角形 $\triangle oad$，再以 o 为顶点，以电缆槽宽 b 为边长，画出等腰三角形 $\triangle oae$，从 o 点向 ae 作一垂线并延长至 f，即可画出 22.5°角，如图 3-15 所示。

2. 45°水平来回弯下料

根据实际情况量出摆弯距离 L，电缆槽斜行长度为 $\sqrt{2}L$。下料方法如图 3-16 所示。锯下阴影部分，弯制而成。

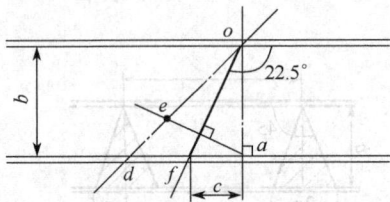

图 3-15　角平分法下料　　　　图 3-16　45°水平来回弯下料

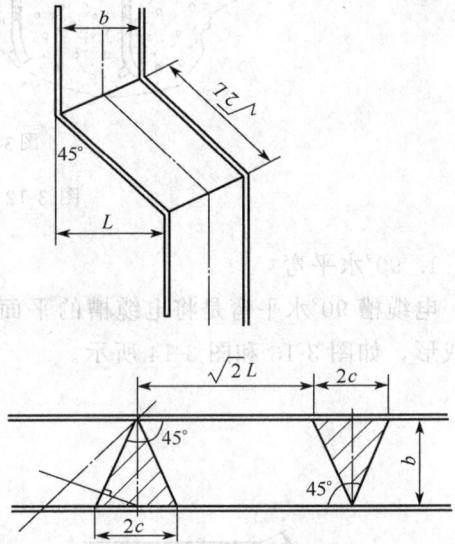

掌握以上所介绍的下料方法后，根据施工需要，可举一反三地弯制各种变化的形状。

（三）电缆槽安装注意事项

(1) 电缆槽安装前，应进行外观检查。电缆槽内、外应平整，无明显变形，槽内部应光洁、无毛刺，尺寸应准确，配件应齐全。

(2) 电缆槽不宜采用焊接连接。当必须焊接时，应焊接牢固，不应有明显焊接变形。

(3) 电缆槽的开孔，应采用机械加工方法。现有专用电动或液动开孔器。装上保护管后，要用锁紧螺母固定，保护管要装上护口，防止穿电缆时划伤电缆。

(4) 电缆槽采用螺栓连接和固定宜用平滑的半圆头螺栓，防止螺栓划伤电缆，螺母应在电缆槽的外侧，固定应牢固。

（5）电缆槽的安装应横平竖直，整齐排列电缆槽的上部与建筑和构筑物之间留有便于操作的空间。垂直排列在一处的电缆槽拐弯时，其弯曲弧度应一致。

（6）槽与槽之间、槽与仪表盘柜和仪表箱之间、槽与盖之间、盖与盖之间的连接处，应对合严密。槽的端口宜封闭。

（7）电缆槽安装在工艺管架上时，宜在管道的侧面或上方。如果有高温管道，不应平行安装于高温管道上方。

（8）电缆槽底部应有排水孔。

（9）电缆槽垂直段大于 2m 时，应在垂直段上、下端槽内增设固定电缆用的支架。如果垂直段大于 4m 时，还应在其中部增设支架。

（10）当电缆槽的直线长度超过 50m 时，宜采取热膨胀补偿措施。

三、保护管安装

保护管用于敷设和保护电线电缆的管子及连接件，根据使用环境不同，保护管有密封和非密封两种。在防火防爆区和具有腐蚀性环境中以及特别潮湿的厂房内，应使用密封保护管。保护管一般用镀锌管（也有使用钢管），常用规格为 1/2″、3/4″、1″、1¼″、1½″、2″。

保护安装注意事项。

（1）保护管内壁应光滑，不应有变形及裂缝，管接口套丝后。要用圆锉锉去毛刺，使管口光滑，无锐边。

（2）钢管作为保护管，内壁、外壁均应做防腐处理。当埋设在砼内时，钢管外壁不应涂漆。

（3）制作保护管弯管时，应注意以下几点：保护管弯管的角度不应小于 90°；弯曲半径不应小于所穿电缆的最小允许弯曲角度的半径；单根保护管直角弯不宜超过 2 个。

（4）当保护管直线长度超过 30m 或弯曲角度的总和超过 270°时，应在其中间加装拉线盒，拉线盒形状有直通型、角通型、三通型、四通型、异径型。

（5）当保护管的直线长度超过 30m 或沿炉体敷设，以及过建筑物伸缩缝时，应采取热膨胀措施。

（6）保护管内径的选择，应根据实际情况而定，不要死搬图纸，导线粗，拐弯多的场合，管道直径也应选择大一些。一般导线截面积不超过管内截面积的 3/5。

（7）保护管与检测元件或就地仪表之间，应用金属挠性管连接，并设有防水弯，与仪表箱、接线箱、接线盒连接应密封，并将保护管固定牢固。

（8）镀锌管及薄壁管应采用螺纹连接或套管紧固螺栓连接，不应采用熔焊连接。

（9）在可能受到雨水或潮湿气体浸入时，应在其最低点采取排水措施。在可能有粉尘、液体、蒸汽、腐蚀性或潮湿气体进入管内的情况下，管口两端都应密封。

（10）保护管应排列整齐、固定牢固，用管卡或 U 形卡固定，固定点间距应均匀。

（11）埋设的保护管引出地面时，管口应高出地面 200mm；当从地下引入落地仪表盘、框、箱时，宜高出盘、框、箱内地面 50mm。

四、接线箱安装

接线箱根据施工图安装在现场钢柱上或自制支架上，安装要求如下：

（1）周围环境温度不宜高于 45℃，操作维修方便；

（2）到各检测点的距离应适当，箱体中心距操作地面高度宜为 1.2～1.5m；

（3）接线箱应密封，并标明编号，箱内接线应有线号。

五、电缆敷设

（一）电缆敷设方式

由于电缆和导线线路很长，现场情况变化大。因此其敷设方式也要因地制宜。

汇合集中的电缆走向和敷设方法有以下几种。

1. 电缆沟敷设

电缆铺放在电缆沟内支架上。电缆沟的建造任务由土建承担。仪表方面配合土建在沟壁上预埋铁件并焊接电缆支架，如图 3-17 所示。支架最底层距沟底 200mm 以上。支架之间的水平间距为 800～1000mm。电缆沟底应有一定的坡度，如有必要可在适当地方设排水井。主控室内电缆沟高于室外电缆沟。电缆可直接铺放在沟底，不需要支架支托，但要求排放整齐有序。一般尼龙管缆可以与电缆同时铺放。电缆进控制室需要密封胶泥封死。

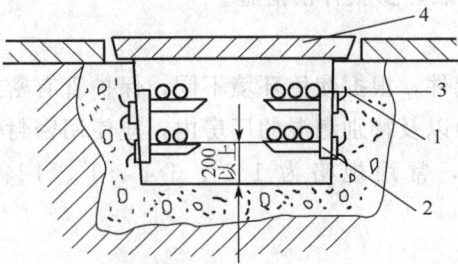

图 3-17 电缆沟敷设
1—预埋铁件；2—电缆支架；
3—电缆，管缆；4—盖板

2. 埋地敷设

将电缆直接埋入地下敷设，常用于油罐区等远距离的电缆。这种敷设方式简单经济，但不易维修，为防止出现故障，要增加备用线芯。

敷设方法为：沿电缆敷设路线挖一条 700mm 深的沟，拐弯处应呈圆弧形，沟底铺 100mm 的沙子或过筛细土，电（管）缆铺放其上，再盖 100mm 厚的沙子，沙上铺一层砖或水泥板，最后加回填土，如图 3-18 所示。

埋地电（管）缆需横过马路时要加保护管，如图 3-19 所示。保护管长度要超过马路两边的排水沟，管口两端应做成喇叭口状。埋入深度在 700mm 以上，管子内外用沥青漆防腐。

3. 支托敷设

用支架的支托，将电缆固定。桥架、电缆槽敷设电缆均属此种方式。

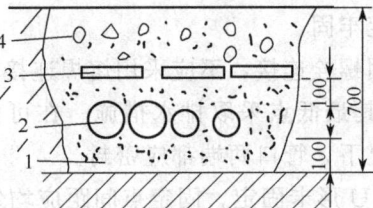

图 3-18 电缆埋地敷设
1—沙子；2—电缆，管缆；3—砖；4—回填土

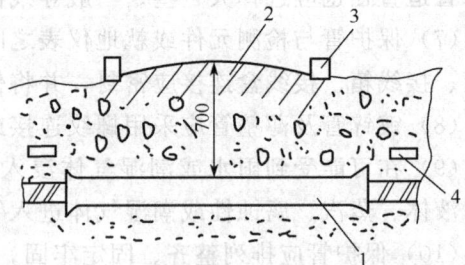

图 3-19 电缆埋地过马路敷设
1—沙子；2—电缆，管缆；3—砖；4—回填土

（二）电缆敷设的准备工作

当电缆沟施工完毕，主要电缆槽和各分支电缆槽安装完毕，保护管敷设完毕，即可以

进行电缆敷设的准备工作。

（1）核对电缆：按电气材料汇总表和电缆平面敷设图、电缆补缆作业表核对电缆导线的型号、规格、电缆芯数和长度。

（2）丈量长度：沿电缆敷设路线，测量出每根电缆实际需要的长度。根据电缆到货情况，合理安排，避免或尽量不出现中间接头。

（3）检测绝缘：用 500V 兆欧表检测电缆芯线之间及芯线对外皮之间的绝缘电阻，其阻值应高于 $5m\Omega$。100V 以下线路采用直流 250V 兆欧表测量。当设计有特殊规定时，其阻值应符合设计文件规定。

（4）测电阻值：对需要配外接电阻的仪表，为避免因电缆线路电阻值超过仪表允许的外接电阻值，在电缆敷设之前要先测出每米电缆的电阻值（线路总阻值不可超过仪表外接电阻值的 2/3），以便选择适当导电截面的电缆。

（三）电缆敷设要求

（1）敷设仪表电缆时的环境温度低于下列温度值，不能敷设：

① 塑料绝缘电缆 0℃；

② 橡皮绝缘电缆 −15℃。

（2）电缆敷设应该横看成线，纵看成行；避免交叉叠压，达到排放有序，整齐美观。无法避免交叉，应置于电缆沟或接线盒内。固定时，应松紧适当。

（3）塑料绝缘、橡皮绝缘多芯控制电缆的弯曲半径，不应小于其外径的 10 倍。电力电缆的弯曲半径及有关项目应符合现行国家标准《电气装置安装工程电缆线路施工及验收规范》（GB 50168—92）的有关规定。

（4）仪表电缆与电力电缆交叉敷设时，要成直角；平行敷设时，其相互间的距离应符合设计文件规定。

（5）在电缆槽内，交流电源线路和仪表信号线路，要采用金属隔板隔开敷设。

（6）明敷设的仪表信号线路与具有强磁场和强静电场的电气设备之间的净距离要大于1.50m；当采用屏蔽电缆或穿金属保护管以及在带盖的金属电缆槽内敷设时，要大于 0.8m。

（7）补偿导线应穿保护管或电缆槽内敷设，不应直接埋地敷设。

（8）当补偿导线与测量仪表之间不采用切换开关或冷端温度补偿器时，宜将补偿导线和仪表直接连接。

（9）对补偿导线进行中间或终端接线时，不得接错极性。

（10）电缆不允许中间接头。敷设长度超过制造长度时，多芯电缆可以加接线盒，用端子排连接。屏蔽电缆应将屏蔽层连接起来。单根电缆将线芯扭紧，用锡焊牢，包上绝缘胶带，置于拉线盒内，以便查找。凡有中间接头的电缆，均要做好文字记录。

（11）电缆处于下列位置时，要穿入保护管。

a. 穿过楼板及墙壁处，保护管的管口应离墙（地）表面 15～30mm。

b. 穿过沟道、马路或引入、引出建筑物。

c. 引出地面或电缆沟 2m 高度。

（12）仪表信号线路、仪表供电线路、安全联锁线路、补偿导线及本质安全型仪表线路和其他特殊仪表线路，应分别采用各自的保护管。

(13) 综合控制系统和数字通信线路的电缆敷设应符合设计文件和产品技术文件要求。

(14) 设备附带的专用电缆，应按产品技术文件的说明敷设。

(15) 电缆在隧道或沟道内敷设时，应敷设在支架上或电缆槽内，要及时绑扎固定。

(16) 电缆敷设后，两端应尽快做电缆头。制作屏蔽接地线时，不应损坏绝缘；在潮湿或有油污的位置，应有相应的防潮、防油措施。

特殊场合，如易燃易爆、腐蚀性较强、高温潮湿以及有强磁场和强静电场干扰等处，必须严格按设计要求施工，采取相应措施。

（四）电缆敷设施工

1. 放电缆

目前，仪表电（管）缆的敷设，仍靠人力。在仪表安装施工中，放电缆是劳动强度较大、施工战线最长、人力集中最多而工期要求最短的一项突击性工作。因此，必须做好充分的人力、器材准备和施工过程中的组织工作。

(1) 拟定施工方案 根据电（管）缆平面敷设图，确定每根电（管）缆的终点、起点及走向。以避免电缆交叉、便于敷设施工为准则，全盘规划，统筹安排。拟定出所铺放电缆的前后顺序、起始点。根据工作量的大小，确定需用多少人员，主要岗位要安排固定人员负责，以保证放电缆过程中忙而不乱，井井有条。

(2) 准备器材 放电缆需要下列器材：电缆放线架（自制）；厚壁钢管（做电缆盘转动轴）；编号胶带；黑绝缘胶布；钢锯；皮尺；粗、细铁丝；梯子；电工三大件；信号旗；哨子；滑石粉等。

(3) 放电缆 根据事先拟订方案，敷设电缆，放电缆过程中，要有人统一指挥。以鸣哨和扬旗为行动指令。电缆较长时可分段指挥，各段互相呼应，全线人员要听从指挥，齐呼号子，通力合作，徐徐移动，根据电缆到位实际长度，确定好长度，留有足够余量，截断电缆（没有经验的，不可草率从事）。

2. 穿电缆

有的电缆要从电缆槽，经保护管到接线箱或直接到装置现场仪表，穿电缆之前，保护管中应穿上拉电缆的钢丝，同一管中电缆扎成一束，头部绑成锥状，头部贴电缆编号。在电缆上和保护管内撒些滑石粉，以减少阻力。然后，用钢丝将电缆拉到位。

3. 复查绝缘及做电缆头

放电缆工作结束后，要对所有电缆导线的绝缘性能再作一次复查。检查是否在穿放过程中，因保护层受损伤或因受潮致使绝缘阻值下降，甚至线芯与穿线管短路等现象。凡不合格者，要及时更换或采取补救措施。

绝缘复查合格的电缆导线即可做电缆头。电缆头做好后挂上电缆编号牌，置于电缆沟或保护管内。

4. 查线

查线需备用品：剥线钳、电工三大件、纺织线、回路校线仪（或万用表）、对讲机、端子号。

查线可根据仪表盘背后电气接线图、现场接线箱接线图，结合控制回路原理图进行。查线工作必须两个人配合，查线和挂端子号同时进行。查对好一根导线便在两端套上相应的端子号。并将线头弯曲，以免端子号脱落。

查线是一项十分细致的工作，施工中不可有半点疏忽和侥幸心理，否则会给下一步工作带来麻烦，甚至造成事故。

5. 接线

查线后即可进行接线，接线要求如下。

（1）仪表的接线应符合下列规定：接线前应校线，线端应挂上按规定要求做好的标号；剥绝缘层时不应损伤线芯；电缆与端子的连接要均匀牢固，不能松动，导电良好；多股线芯端头宜采用接线片，电线与接线片的连接应压接，确保连接牢固。

（2）从外部进入仪表盘、柜、箱内的电缆、电线应在其导通检查及绝缘电阻检查合格后进行配线。

（3）仪表盘、柜、箱内的线路宜敷设在汇线槽内，在小型接线箱内也可明线敷设。当明线敷设时，电缆电线束应采用由绝缘材料制成的扎带扎牢，一般扎带间距为100～200mm。

（4）仪表盘、柜、箱内的线路不能有接头，其绝缘保护层不能损伤。

（5）剥去外部护套的橡皮绝缘芯线及屏蔽线，应加设绝缘护套保护。

（6）仪表盘、柜、箱接线端子两端的线路，都要按设计图纸标号。标号应正确、字迹清晰且不易褪色。

（7）接线端子板的安装应牢固。当端子板在仪表盘、柜、箱底部时，距离基础面的高度不宜小于 250mm。当端子板在顶部或侧面时，与盘、柜、箱边缘的距离不宜小于100mm。多组接线端子板并排安装时，其间隔净距离不宜小于 200mm。

（8）导线与接线端子板、仪表、电气设备等连接时，要留有足够余量。

（9）备用芯线要接在备用端子上，或按可能使用最大长度预留，并按设计文件要求标注备用线号。

总之，接线要求连接良好，整齐美观，标号清楚，准确无误。

6. 配接电阻

对导线电阻值有一定要求的仪表，如动圈指示仪，要根据仪表外接电阻的阻值为其配接电阻。即用仪表的外接电阻值减去线路电阻值，然后用锰铜丝绕制等值电阻串接在线路中。

六、电气防爆与接地

（一）爆炸和火灾危险环境的仪表装置电气防爆要求

（1）安装在爆炸危险环境的仪表、仪表线路、电气设备及材料，其规格型号必须符合设计文件规定。防爆设备应有铭牌和防爆标志。并在铭牌上标明国家授权的部门所给的防爆合格证编号。

（2）防爆仪表和电气设备，除本安型外，必须有"电源未切断不得打开"的标志。防止打开发生意外事故。

（3）防爆仪表和电气设备引入电缆时，应采用防爆密封圈挤紧密封或用密封填料进行封固密封，外壳上多余的孔应做防爆密封，弹性密封圈的一个孔应密封一根电缆。

（4）采用正压通风的防爆仪表箱的通风管必须保持畅通，且不宜安装切断阀；安装后应保证箱内能维持不低于设计文件规定的压力；当设有低压力联锁或报警装置时，其动作要准确、可靠。

（5）当电缆槽或电缆沟道通过不同等级的爆炸危险区域的分隔间壁时，在分隔间壁处必须做充填密封。

（6）安装在爆炸危险区域的电缆电线保护管，要符合下列规定。

① 保护管之间及保护管与接线箱、拉线盒之间，要采用圆柱管螺纹连接，螺纹有效啮合部分不少于 5 扣，螺纹处应涂导电性防锈脂，并用锁紧螺母锁紧，连接处应保证良好的电气连续性。

② 保护管与仪表、检测元件、电气设备、接线箱、拉线盒连接时，或进入仪表盘、柜、箱时，要安装防爆密封管件，并做好充填密封。密封管件与仪表箱、接线箱、拉线盒之间的距离不应超过 0.45m。密封管件与仪表、检测元件、电气设备之间可采用挠性管连接。

③ 保护管穿过不同等级爆炸危险区域的分隔间壁时，分界处必须用防爆阻火器件和密封组件隔离，并做好充填密封。

④ 全部保护管系统必须密封。

（7）对爆炸危险区域的线路进行接线时，必须在设计文件规定采用防爆接线箱内接线。接线必须牢固可靠，接触良好，并要加防松和防拔脱装置。

（8）火灾危险环境所采用的仪表及电气设备，要符合设计文件的要求。

（9）用于火灾危险环境的装有仪表及电气设备的箱、盒等，要采用金属制品。

（10）本质安全型仪表的安装和线路敷设，除符合上面的规定外，还应符合下列规定。

① 本质安全电路和非本质安全电路不能共用一根电缆或同穿一根保护管。

② 当采用芯线无分别屏蔽的电缆或无屏蔽的导线时，两个及两个以上不同回路的本质安全电路要分开，不能共用同一根电缆或同穿一根保护管。

③ 本质安全电路及其附件要有蓝色标志，以示区别。

④ 本质安全电路与非本质安全电路在同一电缆槽或同一电缆沟道内敷设时，应用接地的金属隔板或具有足够耐压强度的绝缘板隔离，或分开排列敷设，其间距离应不小于 50mm，并分别固定牢固。

⑤ 本质安全电路与非本质安全电路共用一个接线盒时，本质安全电路与非本质安全电路接线端子之间，要用接地的金属板隔开。

⑥ 仪表盘、柜、箱内的本质安全电路与关联电路或其他电路的接线端子之间的间距应大于 50mm；当间距不能满足要求时，应采用高于端子的绝缘板隔离。

⑦ 仪表盘、柜、箱的本质安全电路敷设配线时，要与非本质安全电路隔开，采用有盖汇线槽或绑扎固定，配线从接线端到线束固定点的距离应尽可能短。

⑧ 采用屏蔽电缆电线时，屏蔽层不应接到安全栅的接地端子上。

⑨ 本质安全电路内的接地线和屏蔽连接线，相互之间应有绝缘层。

⑩ 本质安全电路中的安全栅、隔离器等关联设备的安装位置，应在安全区域一侧或置于另一与环境相适应的防爆设备防护内，需接地的关联设备，要可靠接地。接地电阻要符合设计文件要求。

⑪ 本质安全电路不应受到其他线路的强电磁感应和强静电感应，线路的长度和敷设方式要符合设计文件规定。

⑫ 本质安全型仪表及本质安全关联设备，必须有国家授权机构发给的产品防爆合格

证，其型号、规格的替代，必须经原设计单位书面确认。

（11）爆炸和火灾等危险场所的仪表装置施工，除符合上述规定外，还要符合国家现行的有关标准、规范的强行规定。

（二）接地

1. 接地装置施工要求

仪表接地主要有保护接地和工作接地，工作接地包括信号回路接地、屏蔽接地以及特殊要求本质安全电路接地。

保护接地是仪表或设备的外壳，仪表盘、柜、箱、盒，电缆槽，保护管，支架，底座等正常不带电的金属部分，由于绝缘破损而有可能带危险电压时，通过保护接地，保护人身设备安全的措施。仪表保护接地系统应接到电气工程低压电气设备的保护接地网上，连接应牢固可靠，不应串联接地。保护接地的接地电阻值，应符合设计文件规定。

屏蔽接地是为消除仪表及信号传送线路附近的电磁场干扰所采取的措施。

屏蔽接地应单独设置接地极。不允许与电气工程的保护接地网相连，以防止大功率电流进入仪表回路损坏仪表设备。同一控制系统回路或同一线路的屏蔽层。只能有一个接地点，这样可以避免接地电流形成的干扰。

屏蔽接地一般设置在显示仪表一侧，即控制室附近。可将现场各分点的屏蔽线芯，通过现场接线盒内的接线端子排连接起来，引至控制室外的屏蔽接地极上。但对接地热电偶和检测部分已经接地的流量仪表、过程分析仪表，检测端已接地，不应再在显示仪表侧接地，各个仪表回路只应有一个屏蔽接地点，除非使用隔离回路将两个接地点之间的直流信号回路隔离开。屏蔽接地电阻值应符合设计要求。

如果接地电阻值达不到设计要求时，可采取以下措施。

（1）填充电阻率较低的物质，如黏土、木炭、炉灰等。

（2）使用化学降阻剂，如食盐、氯化钙、硫酸铜、硫酸铁等处理土壤。

（3）使用长效化学降阻剂有聚丙烯酰胺、尿醛树脂、木质素三种，降阻效果显著且长期稳定。

仪表盘、柜、箱内各回路的各类接地，应分别由各自的接地支线引至接地汇流排或接地端子板，由接地汇流排或接地端子板引出接地干线，再与接地总干线和接地极相连。各接地支线、汇流排或端子板之间在非连接处应彼此绝缘。

接地系统的连线应使用铜芯绝缘电线或电缆，采用镀锌螺栓紧固，仪表盘、柜、箱内的接地汇流排应使用铜材，并由绝缘支架固定。接地总干线与接地体之间应焊接连接。

接地线的颜色应符合设计文件规定，并设置绿色、黄色标志。

当有防干扰要求时，多芯电缆中的备用芯线应在一点接地，屏蔽电缆的备用芯线与电缆蔽层，应在同一侧接地。

防静电接地应符合设计文件规定，可与设备、管道和电气等的防静电工程同时进行。

2. 接地安装施工

接地装置的安装位置及安装形式，一般施工图上均有具体要求。通常有单根接地极装置和环形接地极装置。环形接地极装置如图 3-20 所示。有 A、B、C 三个接地体。接地体的间距为 5000mm，并用扁钢连接成环形，从一个接地体引至控制室，这种接地装置接地电阻小、比较可靠。

接地体一般采用 2″钢管，截成 2.5m 长，一端做成锥形，另一端焊一块 70mm 见方的厚钢板。

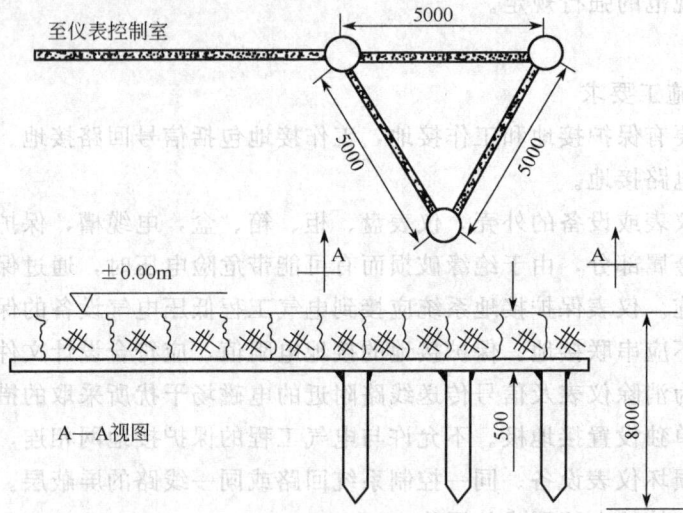

图 3-20　接地极装置

埋设时先要挖沟，沟的深度大于 600mm，将接地体管端离地面 500mm，再将 40mm×4mm 的扁钢焊接在地体上，扁钢引入控制室再与室内铜排焊接，屏蔽层线芯用螺丝与铜排连接。要求连接牢固可靠。

思考与复习题

1. 仪表管道有几种？各用什么管材？
2. 仪表管道敷设前要做哪些准备工作？
3. 仪表管道如何脱脂？常用脱脂溶剂有哪些？
4. 有两个高压法兰接口需用 φ18×4 连接，如图 3-21 所示，应如何下料？

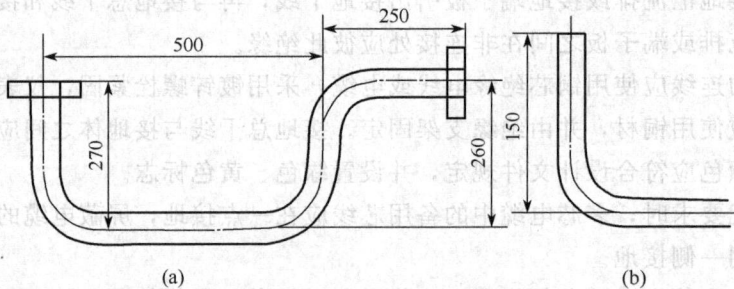

图 3-21　高压管下料

5. 信号管道如何试漏、试通？
6. 工作压力是 6.4MPa，其强度试验压力应是多少？
7. 工艺管道吹扫时，与之相连仪表管道要注意些什么？
8. 仪表电缆通常分哪几类？

9. 电缆槽如何安装？安装时应注意哪些事项？

10. 电缆敷设前要做哪些准备工作？

11. 本安电缆敷设时要注意什么？

12. 保护管安装时注意哪些事项？

13. 接线箱安装有什么要求？

14. 仪表接线有哪些规定？

15. 怎样测电缆绝缘电阻？绝缘电阻值多少为合格？

16. 仪表接地有哪几种？屏蔽接地有什么要求？

第四章　现场仪表安装

现场仪表种类规格很多，其安装方法和要求也各不相同，但同类仪表安装方式方法基本相似。本章介绍压力、流量、物位、温度等几种类型仪表和控制阀的安装方法。

第一节　现场仪表安装总则

现场仪表的安装总则如下。

（1）仪表规格、型号、测量范围和位号在设备和管道上安装位置应符合设计要求。

（2）每块仪表及检测元件设计位号铭牌要齐全、牢固、清晰。

（3）装表前必须进行标准调整和试验，并做好记录。

（4）就地安装仪表要安装在易观察和便于操作维护、不易被损伤碰坏的地方，并应牢靠固定。不应安装在有振动、潮湿、高温、温度变化剧烈、有腐蚀性气体和有强电磁场干扰的位置。

（5）所有带压部位必须密封，为了便于维护，每块仪表应配阀门。

（6）直接安装于工艺管道上的仪表和检测元件，应该在工艺管道吹扫后安装并随工艺做强度试验。安装于设备上的仪表，可以和设备一起作气密性试验，但不能做强度试验。取源部件应随设备和管道进行压力试验。

（7）仪表控制点具体位置工艺图纸都有，少数根据实际情况，需改动的应由设计人员、甲方现场代表，仪表施工员三方一起确定具体位置。开控制点必须在设备或管道的防腐、衬里、吹扫和压力试验前进行，以免开孔时破坏防腐层，影响试压。在高压、合金钢、有色金属设备和管道开孔处，应采取机械加工法；对砌体和砼浇注体上安装的取源部件，应在砌筑或浇注的同时埋入，当无法做到时，应预留安装孔；不宜在焊缝及其边缘上开孔和焊接。

（8）仪表上接线盒的引入口不宜朝上，当不可避免时，应采取密封措施。施工中要及时封闭接线盒盖及引入口。

（9）特殊场合（如易燃、易爆、强腐蚀，高压等）要根据设计要求，严格施工。

第二节　压力仪表安装

一、取源部件安装

（1）压力控制点应选择流速稳定的地方，不允许选在管道弯曲、死角的地方。

（2）如果压力取源部件与温度取源部件在同一管段上，应安装在温度取源部件上游侧。

（3）压力取源部件在焊接时，取压管内端不应超出设备或管道的内壁，取压口要求无毛刺、无焊瘤，如图 4-1 所示。

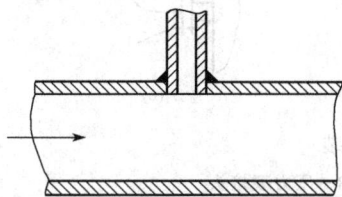

图 4-1　一般取压管安装　　　　　　图 4-2　多粉尘取压管安装

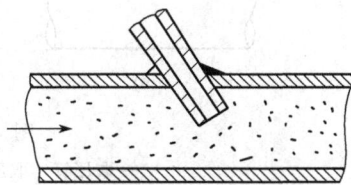

（4）测量带有灰尘、固体颗粒或沉淀物等物料的压力时，在垂直、倾斜管道和设备上，取压管倾斜向上安装，在水平管道上宜顺物料流出方向安装，如图 4-2 所示。

（5）在水平或倾斜管道上取压，根据介质不同，取压点位置如图 4-3 所示。

测量气体压力时，取压点在管道的上半部。

测量液体压力时，取压点在管道的下半部与管道的水平中心线 0°～45°角的范围内。

(a)气体　　　　　(b)液体　　　　　(c)蒸体

图 4-3　不同介质取压点方位

测量蒸体压力时，取压点在管道的上半部、下半部与管道水平中心线成 0°～45°角的范围内。

（6）测量高于 60℃ 的液体、蒸汽和易凝气体的压力时，就地安装的压力表取源部件应加装环形或 U 形冷凝弯。

二、压力表安装

（一）一般压力表的安装

压力表是生产中运用最多的仪表，安装方法比较简单，多采取单块表就地安装方式，如图 4-4 所示。

有的场合也可以将压力表集中安装在支架上或表盘上。集中安装压力表的支架高度，要符合下列要求：中、低压压力表在 1.5～1.6m 左右，与人视线相平；高压压力表安装在操作岗位附近时，宜与地面相距 1.8m 以上，高于人的头部，为保证安全，在压力表正面应加有机玻璃防护罩。

（二）测量特殊介质压力表的安装

1. 测高温介质压力

温度高于 60℃ 时，会破坏压力表的弹性元件从而引起误差，此时，应该加冷凝管或

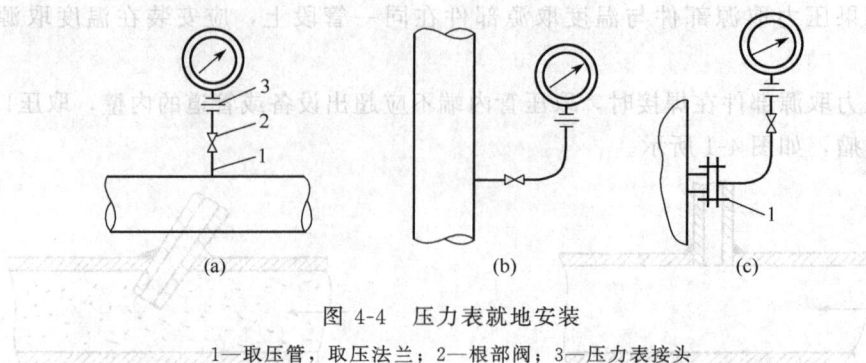

图 4-4 压力表就地安装

1—取压管，取压法兰；2—根部阀；3—压力表接头

弹簧弯。一般液体采用 U 形冷凝管；蒸汽采用弹簧弯，如图 4-5 所示。

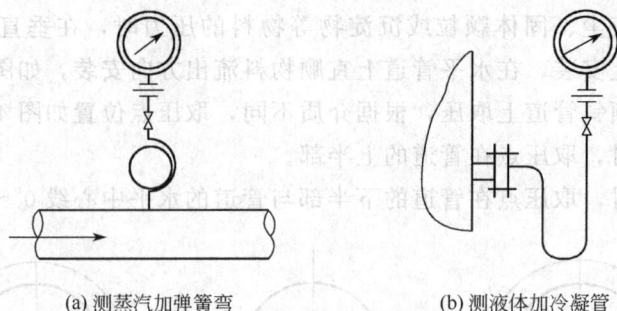

(a) 测蒸汽加弹簧弯   (b) 测液体加冷凝管

图 4-5 测高温介质压力

2. 测量脉动介质压力

泵出口或压缩机出口压力波动频繁，测脉动介质压力，会使压力表指针不停地摆动，既无法看清仪表指示值，又很容易损坏仪表。因此，一般采取以下措施。

（1）加缓冲罐，测量气体时，利用缓冲罐增加气容量、减少波动，如图 4-6（a）所示。

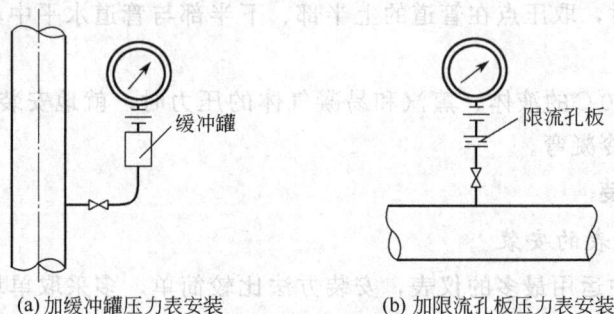

(a) 加缓冲罐压力表安装   (b) 加限流孔板压力表安装

图 4-6 测脉动介质压力

（2）加限流孔板，以增加阻尼减少脉动，如图 4-6（b）所示。用调节根部阀开度的方法亦可。

（3）对脉动非常大的压力测量，可同时采用缓冲罐和限流孔板。

3. 测腐蚀性介质压力

在测腐蚀性介质的场合，为防止仪表及检测元件受腐蚀，可采用隔离法，利用介质与隔腐液密度不同，将介质与仪表分开，如图 4-7 所示。

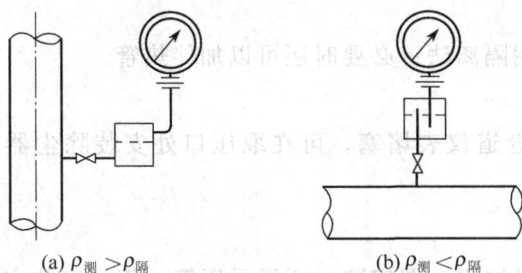

(a) $\rho_{测} > \rho_{隔}$ (b) $\rho_{测} < \rho_{隔}$

图 4-7　测腐蚀性介质压力   图 4-8　测多粉尘介质压力

中华人民共和国行业标准标准设计	测量液体压力管路连接图 (变送器低于取压点　螺纹式多路阀)PN 6.3 HOOK-UP DWG OF LIQUID PRESSURE MEASUREMENT(TRANSMITTER BELOW TAP THREADED GAUGE/ROOT VALVE)			HG/T 21581—95 HK 02—138		
				第　张　共　张 OF　　SHEET	总　张　第　张 OF　　TOTAL	
压力等级:6.3MPa RATING:	管件连接形式　对焊式 CONN TYPE　B. W		序号 NO.	位号 TAG NO.	管道或设备号 PIPE(VESSEL)NO.	
	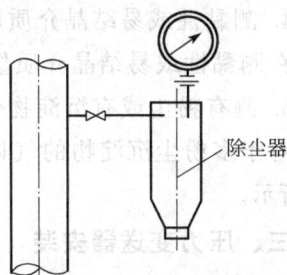		1			
			2			
			3			
			4			
			5			
			6			
			7			
			8			
			9			
			10			

注:1. 如需同时安装压力开关等仪表时,件号 3 改为相应的转换接头。
   2. 对于清洁液体可取消排放阀和三通。
NOTE: 1. IF THE TRANSMTTER BE MOUNTED TO-GETHER WITH PRESSURE SWTTCH OR ETC. ,NO. 3 SHOULD BE CHANGED TD SUITABLE ADAPTER.
     2. DRAIN VALVE AND TEE CAN BE DELETED FOR CLEAR LIOUID.

件号 NO.	代码 CODE	图号与标准号 DWG&STD NO.	名称及规格 NAME & SIZE	材料 MATERIAL	数量 Q'TY	备注 REMARKS
8	FB010 FB055		对焊式直通终端接头 PN 6.3 1/2″NPT/φ14 B. W. END CDNNECTOR	CS 0Cr18Ni10Ti	1	
7	VB212 VB217	Q21F-64	外螺纹球阀　 PN 6.3 DN10 φ14/φ14 MALE THREADED BALL VALVE	CS 0Cr18Ni10Ti	2	
6	VC210 VC211	J21W-64^C_P	外螺纹截止阀　 PN 6.3 DN10 φ14/φ14 MALE THREADED GLOBE VALVE	CS 0Cr18Ni10Ti	2	
6	FB167 FB182		对焊式三通接头　 PN 6.3 φ14 B. W TEE	CS 0Cr18Ni10Ti	1	
5	PL005 PL205	GB 8163—87 GB 2270—80	无缝钢管　φ14×2 SEAMLESS STEEL TUBE	20 0Cr18Ni10Ti	1	
4	FB009 FB054		对焊式直通终端接头 PN 6.3 ZG1/2″/φ14 B. W END CDNNECTOR	CS 0Cr18Ni10Ti	1	
3			堵头　ZG1/2″ PLUG	CS 0Cr18Ni10Ti	1	由多路阀配套 WITH GAUGE/ROOT VALVE
2			排放阀 BLEEDER VALVE	CS 0Cr18Ni10Ti	1	由多路阀配套 WITH GAUGE/ROOT VALVE
1	VM102 VM107		多路闸阀 PN16 DN15 ZG1/2″(M)/3×ZG1/2″(F) GAUGE/ROOT GATE VALVE	CS 0Cr18Ni10Ti	1	
1	VM122 VM127		多路截止阀 PN16 DN15 ZG1/2″(M)3×ZG1/2″(F) GAUGE/ROOT GLOBE VALVE	CS 0Cr18Ni10Ti	1	

安装材料表　INSTALLATION MATERIAL LIST

图 4-9　压力变送器标准安装示意图

4. 测黏性或易结晶介质压力

在测黏性或易结晶介质场合，可采用隔离法。必要时还可以加伴热管。

5. 测有粉尘或有沉淀物介质压力

对于多粉尘沉淀物的气体，为防止管道仪表堵塞，可在取压口处安装除尘器，如图 4-8 所示。

三、压力变送器安装

压力变送器（包括差压变送器）一般按施工图安装，所用导压管、阀门安装方式按图施工。图 4-9 为压力变送器标准安装示意图。

第三节　流量仪表安装

流量仪表的种类很多，按测量原理可分为容积式、速度式、差压式和质量式等。其中差压式流量计在化工炼油生产中应用广泛，也是目前生产中使用最多的流量测量仪表之一，所以本节重点介绍差压流量计安装。

一、取源部件安装

差压式流量计由节流装置、导压管和差压计或变送器及其显示仪表三部分组成。

1. 节流装置种类和取压方式

节流装置分为标准节流装置和非标准节流装置两种。最常用的标准节流装置有标准孔板、标准文丘利管、标准文丘里和标准喷嘴四种。

节流装置取压方式角接取压、法兰取压、理论取压和径距取压等。

2. 节流装置安装对管道要求

（1）节流装置安装有严格直管道要求。在规定的直管段最小长度范围内，不得安装其他取源部件或检测元件。直管段管子内表面应清洁，无突出物。

（2）在节流件上游安装温度计时，温度计与节流件间直管段应符合《自动化仪表工程施工及验收规范》（GB 50093—2002）要求。在节流件下游安装温度计时，温度计与节流件的直管段距离应大于 5 倍管道内径。

（3）节流装置在水平管道或垂直管道上安装时，取压口方位，如图 4-10 所示。

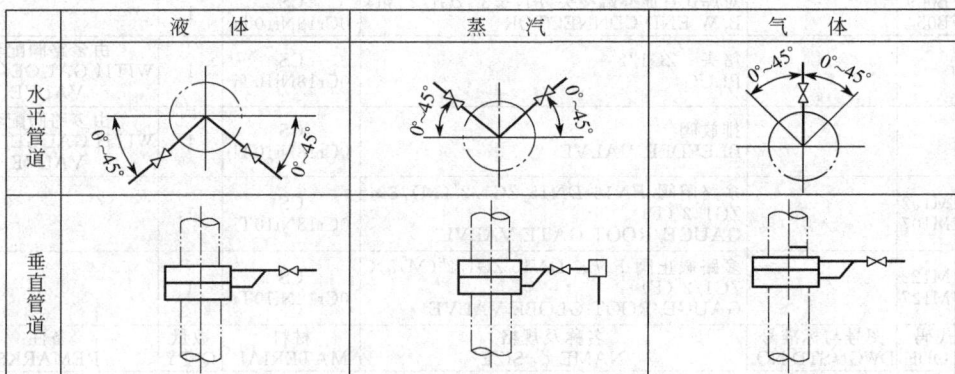

图 4-10　节流装置取压口方位图

（4）孔板或喷嘴采用单独钻孔的角接取压时，安装时要符合下列规定。

上、下游取压孔轴线，分别与孔板或喷嘴上、下游侧端面间的距离应等于取压孔直径的 1/2，取压孔的直径宜在 4～10mm 之间，上、下游侧取压孔的直径要相等。取压孔的轴线要与管道的轴线垂直相交。

（5）孔板采用法兰取压时，安装时要符合下列规定。

上、下游侧取压孔的轴线与上、下游侧端面间的距离为：当 $\beta > 0.6$ 且 $D < 150mm$ 时，为 25.4mm±0.5mm；当 $150mm \leqslant D \leqslant 1000mm$ 时，为 25.4mm±1mm。取压孔的直径宜在 6～12mm 之间，上、下游侧取压孔的直径要相等；取压孔的轴线要与管道的轴线垂直相交。

（6）孔板采用 D 或 $D/2$ 取压时，安装时要符合下列规定。

上游侧取压孔的轴线与孔板上游侧端面间的距离应等于 $D \pm 0.1D$；下游侧取压孔的轴线与孔板上游侧端面间的距离，当 $\beta \leqslant 0.6$ 时，等于 $0.5D \pm 0.02D$；当 $\beta > 0.6$ 时，等于 $0.5D \pm 0.01D$；取压孔的轴线应与管道轴线垂直相交；上、下游侧取压孔的直径应相等。

（7）用均匀环取压时，取压孔应在同一截面上要设置均匀，上、下游侧取压孔的数量必须相等。

3. 节流装置安装

节流装置直接安装在工艺管道上，用法兰固定。仪表工负责配有取压管、根部阀，并有位号的节流装置，取出节流件后交给管工。由管工将法兰盘安装在符合仪表测量要求的管段上。节流装置安装如图 4-11 所示。

其他流量计取源部件安装，也要符合设计文件和产品技术文件的有关规定。

二、流量检测仪表安装

1. 节流件安装

在管道吹扫、清洗完后，试压之前，仪表工要将节流件装入节流装置中，安装时要使节流装置、垫片、管道三者同心，可用钢板尺插入两片法兰中间，法兰边沿到节流装置边沿的尺寸应相同，并应达到同心的要求。拧螺栓时要均匀用力，并按对角顺序均匀坚固。

节流件安装要注意以下事项。

（1）节流件必须在管道吹扫、清洗后，试压之前安装。

（2）安装前应进行外观检查，孔板的入口、喷嘴的出口边缘应无毛刺、圆角和可见损伤，并按设计数据和制造标准规定测量验证其制造尺寸，并且填写《隐藏工程记录》。

（3）安装前进行清洗时不要划伤节流件。

（4）节流件的安装方向是流体从节流件的上游端面流向节流件的下游端面。孔板的锐边或喷嘴的曲面侧要迎着被测流体的流向，不可装反。

（5）在水平和倾斜的管道上安装的孔板或喷嘴，若有排泄孔时，排泄孔的位置为：当流体是液体时，应在管道的正上方；当流体是气体或蒸汽时，应在管道的正下方。

（6）环室上有"＋"号的一侧应在被测流体流向上游侧，当用箭头标明流向时，箭头的指向要与设计被测流体的流向一致。

（7）节流件的端面要垂直于管道轴线，其允许偏差为 1°。

中华人民共和国行业标准 标准设计	*PN* 6.3MPa 同心锐孔板（*DN* 50～400） 装配及安装图 STANDARD ORIFICE INSTL. DWG.	HG/T 21581—95 HK 06—5	
		第 张 共 张 OF SHEET	总 张 第 张 OF TOTAL

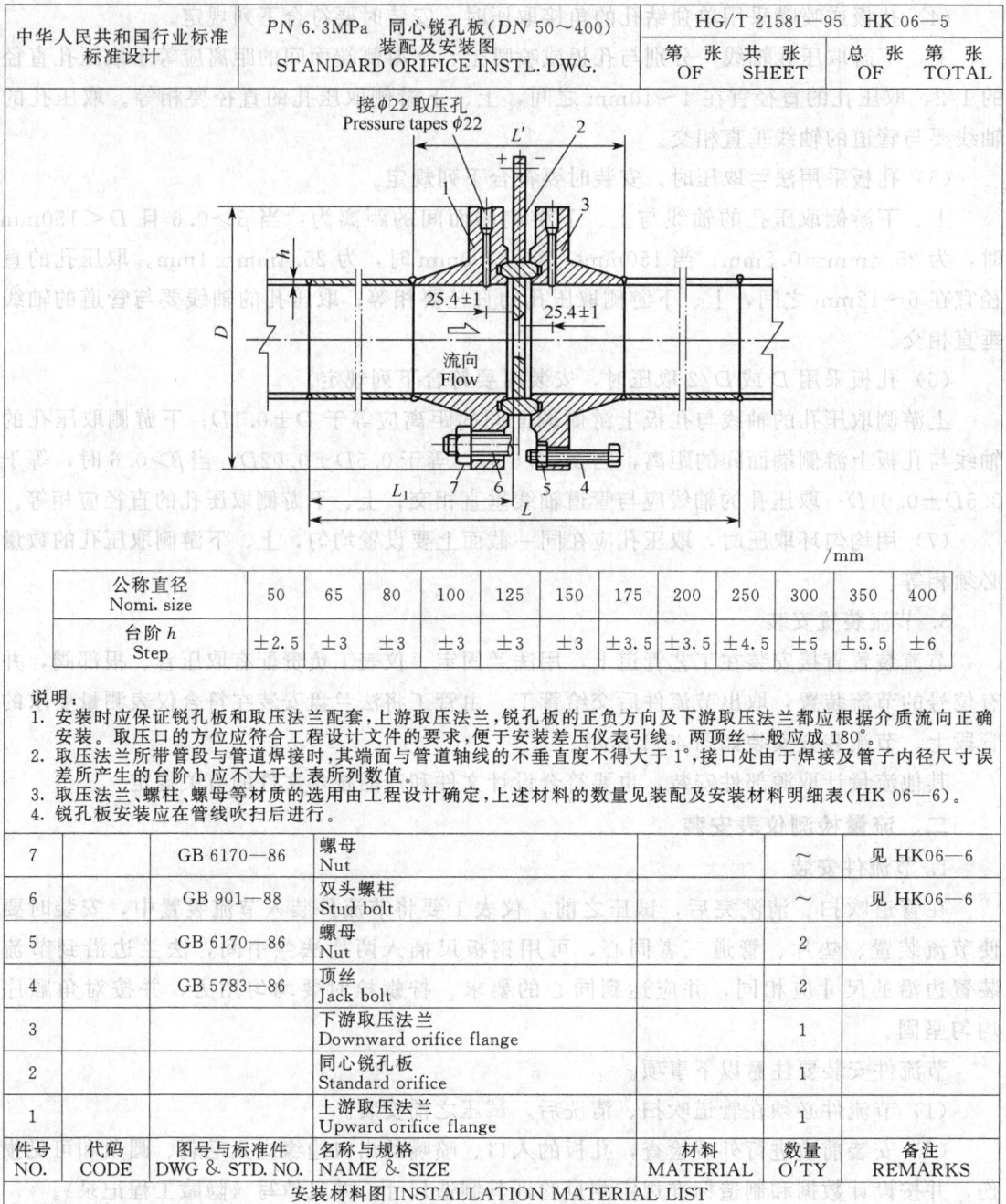

接φ22取压孔
Pressure tapes φ22

25.4±1   25.4±1

流向
Flow

/mm

公称直径 Nomi. size	50	65	80	100	125	150	175	200	250	300	350	400
台阶 *h* Step	±2.5	±3	±3	±3	±3	±3	±3.5	±3.5	±4.5	±5	±5.5	±6

说明：
1. 安装时应保证锐孔板和取压法兰配套，上游取压法兰，锐孔板的正负方向及下游取压法兰都应根据介质流向正确安装。取压口的方位应符合工程设计文件的要求，便于安装差压仪表引线。两顶丝一般应成180°。
2. 取压法兰所带管段与管道焊接时，其端面与管道轴线的不垂直度不得大于1°，接口处由于焊接及管子内径尺寸误差所产生的台阶h应不大于上表所列数值。
3. 取压法兰、螺柱、螺母等材质的选用由工程设计确定，上述材料的数量见装配及安装材料明细表（HK 06—6）。
4. 锐孔板安装应在管线吹扫后进行。

7		GB 6170—86	螺母 Nut		～	见 HK06—6
6		GB 901—88	双头螺柱 Stud bolt		～	见 HK06—6
5		GB 6170—86	螺母 Nut		2	
4		GB 5783—86	顶丝 Jack bolt		2	
3			下游取压法兰 Downward orifice flange		1	
2			同心锐孔板 Standard orifice		1	
1			上游取压法兰 Upward orifice flange		1	
件号 NO.	代码 CODE	图号与标准件 DWG & STD. NO.	名称与规格 NAME & SIZE	材料 MATERIAL	数量 O'TY	备注 REMARKS
安装材料图 INSTALLATION MATERIAL LIST						

图 4-11 法兰取压节流装置安装

(8) 安装节流件的密封垫片的内径不应小于管道内径，夹紧后不得突入管道内壁，否则会影响测量的准确性，产生较大的测量误差。

(9) 节流件与管道或夹持件同轴，其轴线与上、下游道轴线之间的不同轴线误差 e_x 要符合下式的要求。

$$e_x \leqslant \frac{0.0025D}{0.1+2.3\beta^4}$$

式中 *D*——管道内径；

β——工作状态下节流件的内径与管道内径之比。

2. 差压变送器安装

目前与节流装置配套的流量计最常用的是差压变送器。差压变送器大多数安装于现场保温箱内。室内差压变送器一般是裸露安装的，可安装在支架上，也可固定于墙壁上。

用差压变送器测量流量配测量管道时，除符合仪表管道敷设要求外（第三章已经介绍），还应注意正、负导压管要始终保持同样的高度，辅助容器（如冷凝器、隔离器、集气器等）也必须保持相同高度，避免产生附加静压误差。

变送器与节流装置的相对位置不同，其测量管道敷设方式也不同，但无论位置如何变化，安装原则不变。即测液体介质时，测量管道应倾斜向变送器，使测量管道中装满液体，并在保温箱上安装排气阀，排除液体介质中的气体。测量气体介质时，测量管道倾斜向节流装置，使测量管道中充满气体。并在保温箱下方安装排污阀，排除测量管道中的液体。

测量液体流量管路连接如图 4-12 所示。

3. 其他流量检测仪表安装要求

（1）转子流量计应安装在无振动的管道上，其中心线与铅垂线间的夹角不应超过 2°，被测流体流向必须自下而上，上游直管段长度不宜小于 2 倍管子直径。当被测介质温度高于 70℃时，应加防护罩，以防冷水溅到玻璃管上，管子破裂被测介质喷出。

（2）靶式流量计靶的中心应与管道轴线同心，靶面应迎着流向且与管道轴线垂直，上、下游直管段长度应符合设计文件要求。当被测量温度较高时，还需配冷却水管。靶式变送器必须在工艺管道吹扫后、试压之前安装。

（3）电磁流量计安装时要使流量计外壳、被测流体和管道连接法兰三者之间等电位连接，并接地；在垂直的管道上安装时，被测流体的流向应自下而上，在水平的管道上安装时，两个测量电极不应在管道的正上方和正下方；流量计上游直管段长度和安装支撑方式按施工图施工。

（4）涡轮流量计信号要使用屏蔽线，上、下游直管段的长度应符合设计文件要求，前置放大器与变送器间的距离宜小于 3m。

（5）涡街流量计信号线需使用屏蔽线，上、下游直管段的长度应符合设计文件要求，放大器与流量计分开安装时，两者之间的距离应小于 20m。

（6）椭圆齿轮流量计入口端必须加装过滤器，防止固体颗粒卡住齿轮。椭圆齿轮流量计的刻度盘应处于垂直平面内。椭圆齿轮流量计和腰轮流量计在垂直管道上安装时，管道内流体流向应自下而上。

（7）超声波流量计上、下游直管段长度应符合设计文件要求。对于水平管道，换能器的位置应在与水平直径成 45°角的范围内。被测管道内壁不应有影响测量精度的结垢层或涂层。

（8）均速管流量计的安装要符合下列规定：流量检测元件的取源部件的轴线与管道轴线必须垂直相交；总压侧孔应迎着流向，其角度允许偏差应小于 3°；检测杆应通过并垂直于管道中心线，其偏离中心和与轴线不垂直的误差均应小于 3°；流量计上、下游直管段的长度要符合设计文件要求。

中华人民共和国行业标准标准设计	测量液体流量管路连接图 （差压化表低于节流装置 三阀组） HOOK-UP DRAWING OF LIQUID FLOW MEASUREMENT(D/P TRANSMITTER BELOW TAP 3-VALVE MANIFOLD)		HG/T 21581—95 HK 03—115	
			第 张共 张 OF SHEET	总 张第 张 OF TOTAL
压力等级:6.3MPa RATING:	管件连接型式:对焊式连接方式 CONN TYPE:BUTT-WELDING CONNECTION	序号 NO.	位号 TAG NO.	管道或设备号 PIPE/VESSEL NO.
		1		
		2		
		3		
		4		
		5		
		6		
		7		
		8		
		9		
		10		

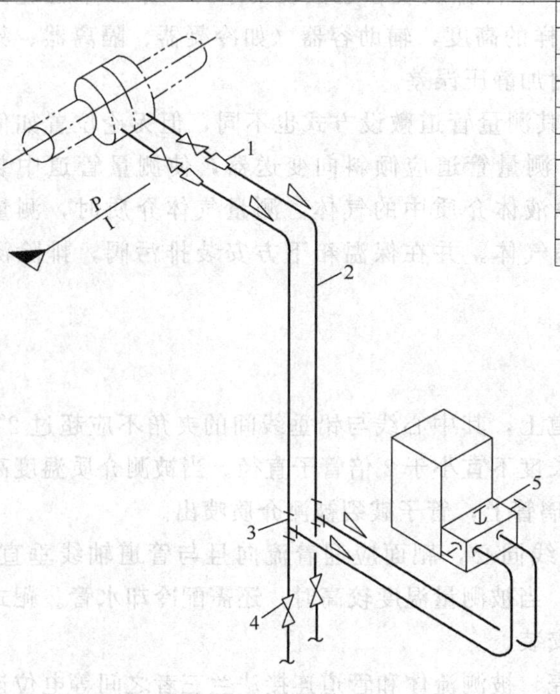

件号 NO.	代码 CODE	图号与标准号 DWG & STD NO.	名称及规格 NAME & SIZE	材料 MATERIAL	数量 Q'TY	备注 REMARKS
5	VM301 VM302		三阀组 PN16 DN5 3-VALVE MANIFOLD	C.S 0Cr18Ni10Ti	1	附接头 φ14 WITH CONNECTOR
4	VB212 VB217	Q21F—64	外螺纹球阀 PN6.3 DN10 φ14/φ14 MALE THREAD BALL VALVE	C.S 0Cr18Ni10Ti	2	
	VC210 VC211	J21W 64C 64P	外螺纹截止阀 PN6.3 DN10 φ14/φ14 MALE THREAD GLOBE VALVE	C.S 0Cr18Ni10Ti	2	
3	FB167 FB182		对焊式三通中间接头 PN6.3 φ14 B.W TEE	C.S 0Cr18Ni10Ti	2	
2	PL005 PL205	GB 8163—87 GB 2270—80	无缝钢管 φ14×2 SEAMLESS STEEL PIPE	20 0Cr18Ni10Ti		
1	FF011 FF012		对焊式异径活接头 PN 6.3 φ22/φ14 B.W REDUGING UNION	C.S 0Cr18Ni10Ti	2	

安装材料表 INSTALLATION MATERIAL LIST

图 4-12 测量流体流量连接图

第四节   物位仪表安装

常用的物位仪表有：差压式液位变送器、浮筒式液位计、内浮球液位计、玻璃板液位计、电磁式液位计和辐射式液位计等。

一、取源部件安装

物位仪表取源部件现在一般由工艺施工人员来安装，不管由谁安装都应注意以下几点。

（1）物位仪表取源部件的安装位置，应选在物位变化灵敏且不使检测元件受到物料冲击的地方。

（2）内浮筒液位计和浮球位计采用导向管或其他导向装置时，导向装置必须垂直安装，而且保证液流畅通。

（3）安装浮球式液位仪表的法兰短管必须保证浮球能在测量范围内随液位变化自由活动。并在短管中安装限位板，以防浮球脱出，如图 4-13 所示。

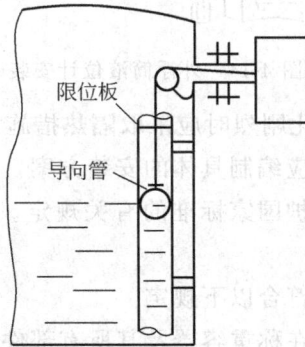

图 4-13　浮球液位计安装

（4）电接点水位计的测量筒必须垂直安装，筒体零水位电极的中轴线与被测容器正常工作时的零水位线应处于同一高度。

（5）静压液位计取源部件的安装位置应远离液体进出口。避免因静压随液体流动而发生波动，产生误差。

（6）双室平衡容器的安装要符合下列规定：安装前应复核制造尺寸，检查内部管道的严密性。应垂直安装，其中心点应与正常液位相重合。

（7）单室平衡容器宜垂直安装，其安装标高要符合设计文件规定。

（8）补偿式平衡器安装固定时，应有防止因被测容器的热膨胀而被损坏的措施。

二、物位检测仪表安装

1. 物位检测仪表安装要求

（1）浮力式液位计的安装高度应符合设计文件规定。

（2）浮筒液位计的安装应使筒呈垂直状态，浮筒中心处于正常操作液位或分界液位的高度。从设备取源口到液位计，除安装必要的连接管件、阀门外，要尽量缩短距离，并且一定要水平，外浮筒液位计安装如图 4-14 所示。

（3）钢带液位计的导管必须垂直安装，钢带应处于导管的中心，而且要滑动自如。

（4）用差压计或差压变送器测量液位时，仪表安装高度不能高于下部取压口，否则会产生无法克服的误差。

注：利用吹气法及低沸点液体汽化传递压力的方法测量液位时，不受此规定限制。

（5）双法兰式差压变送器毛细管的敷设应有保护措施，防止将毛细管损坏，其弯曲半

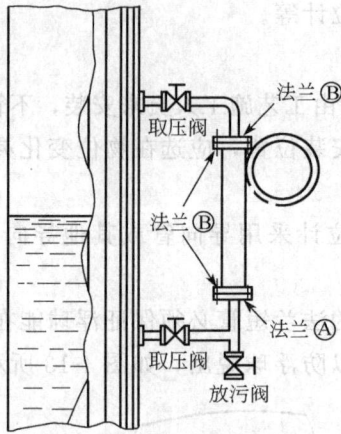

图 4-14　外浮筒液位计安装

径不应小于 50mm，周围温度变化剧烈时应采取隔热措施。

（6）核辐射式物位计安装前应编制具体的安装方案，安装中的安全防护措施，必须符合有关放射性同位素工作卫生防护国家标准的有关规定。安装现场应有明显的警戒标志，无关人员一律不得随意进入。

（7）称重式物位计的安装要符合以下规定。

负荷传感器的安装和承载应在称重容器及其所有部件和连接件安装完成后进行；负荷传感器的安装应呈垂直状态，保证传感器的主轴线与加荷轴线重合，使倾斜负荷和偏心负荷的影响减至最小，各个传感器的受力应均匀；当有冲击性负荷时要按设计文件要求采取

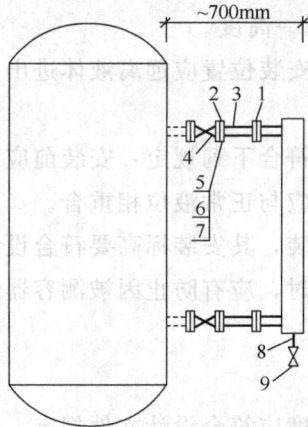

图 4-15　玻璃板液位计安装图
1—对焊法兰螺栓螺母垫片；2—对焊凸面法兰；3—加厚短管；4—法兰闸阀；5—缠绕式垫片；6—双头螺栓；7—螺母；8—玻璃板液位计放空接头；9—内螺纹截止法

缓冲措施；称重容器与外部的连接应为软连接；水平限制器的安装要符合设计要求。传感器的支撑面及底面均应平滑，不得有锈蚀、擦伤及杂物。

2. 物位检测仪表安装实例

玻璃板液位计在设备上安装如图 4-15 所示。

差压式测量有压设备液面管路安装如图 4-16 所示。

中华人民共和国行业标准 标准设计	差压式测量有压设备液面管路连接图 （三阀组带冷凝容器）*PN*16 HOOK-UP DWG. OF LEVEL MEASUREMENT FOR PRESSURIZED VESSEL BY D/P CELL(3- VALVE MANIFOLD WITH CONDENSATE POT)	HG/T 21581—95 HK 04—117	
		第 张 共 张 OF SHEET	总 张 第 张 OF TOTAL

压力等级：16MPa RATING:	管件连接型式：对焊式连接 CONN TYPE：B. W	序号 NO.	位号 TAG NO.	管道或设备号 PIPE/VESSEL NO.
		1		
		2		
		3		
		4		
		5		
		6		
		7		
		8		
		9		
		10		

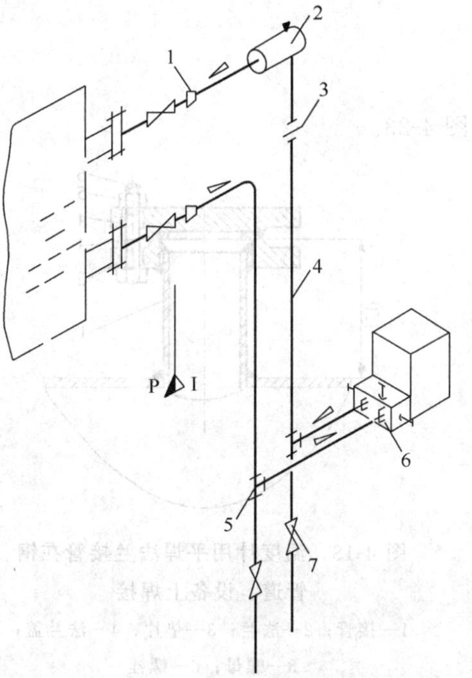

件号 NO.	代码 CODE	图号与标准号 DWG&STD NO.	名称及规格 NAME & SIZE	材料 MATERIAL	数量 Q'TY	备注 REMARKS
7	VB221 VB226		外螺纹球阀（带外套螺母）*PN*16 *DN*5 *ϕ*14 MALE THREADED BALL VALVE (WITH BELL NUT)	C. S 0Cr18Ni10Ti	2	
	VC221 VC223	J21W—160 C P	外螺纹截止阀（带外套螺母）*PN*16 *DN*5 *ϕ*14 MALE THREADED GLOBE VALVE (WITH BELL NUT)	C. S 0Cr18Ni10Ti	2	
6	VM301 VM302		三阀组 3-VALVE MANIFOLD *PN*16 *DN*5	C. S 0Cr18Ni10Ti	1	附对焊式接头 *ϕ*14 WITH B. W UNION
5	FB171 FB186		对焊式三通中间接头 B. W TEE *PN*16 *ϕ*14	C. S 0Cr18Ni10Ti	2	
4	PL105 PL222	GB 8163—87 GB 2270—80	无缝钢管 TUBE(SMLS) *ϕ*14×3	20 0Cr18Ni10Ti		
3	FB112 FB135		对焊式直通中间接头 B. W UNION *PN*16 *ϕ*14	C. S 0Cr18Ni10Ti	1	
2	CC004 CC005		对焊冷凝容器 B. W CONDENSATE POT *PN*16 *DN*100 *ϕ*14	20 0Cr18Ni10Ti	1	
1	FF015 FF016		对焊式异径活接头 B. W REDUCING UNION *PN*16 *ϕ*22/*ϕ*14	C. S 0Cr18Ni10Ti	2	

安装材料表 INSTALLATION MATERIAL LIST

图 4-16 差压式测量有压设备液面管路安装图

第五节 温度仪表安装

常用测温仪表有双金属温度计、玻璃液体温度计、压力式温度计、热电偶和热电阻。

一、取源部件安装

1. 安装方式

常用温度仪表取源部件安装式见图 4-17～图 4-23。

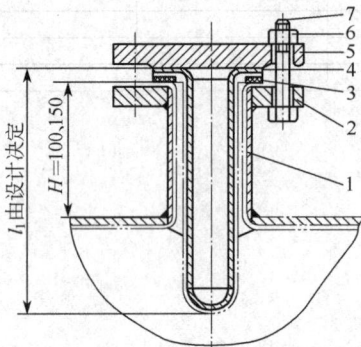

图 4-17 温度计用光滑面搭焊法兰接管在衬里
（涂层）管道、设备上焊接（带附加保护套）

1—接管；2—法兰；3—垫片；4—衬（涂）层保护外套；
5—法兰盖；6—螺母；7—螺栓

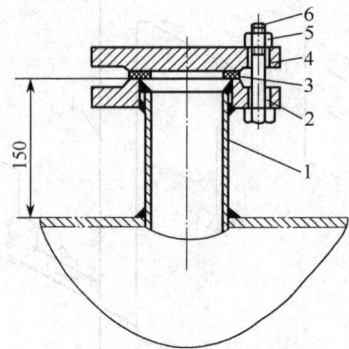

图 4-18 温度计用平焊法兰接管在钢
管道、设备上焊接

1—接管；2—法兰；3—垫片；4—法兰盖；
5—螺母；6—螺栓

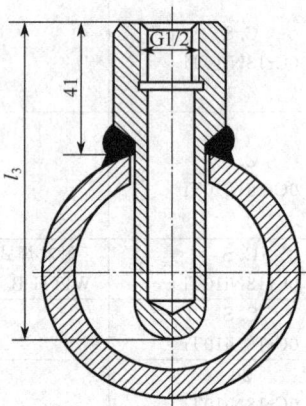

图 4-19 温度计高压套管在管道上焊接

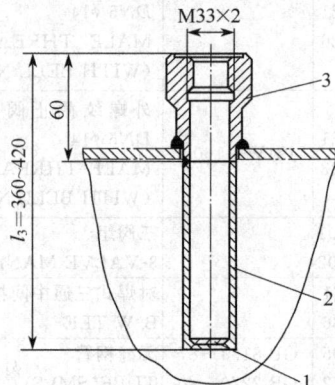

图 4-20 温包连接头及附加保护套
在钢或耐酸钢设备上焊接

1—底；2—套管；3—直形连接头

2. 取源部件安装注意事项

（1）取源部件安装位置应选在被测介质温度变化灵敏并具有代表性的地方，不能选在阀门等阻力部件附近、介质流束呈死角处以及振动较大的地方。

（2）管道上测温元件的感温部分，要处于管道中心介质流速最大区域，保护管末端要超过管道中心线。超过的长度要符合设计规定。

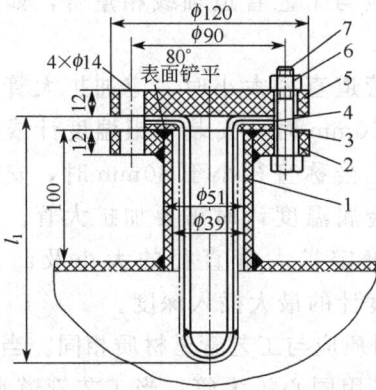

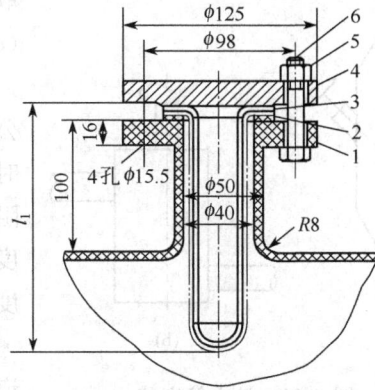

图 4-21　聚氯乙烯管道、设备上的测温取源部件
1—接管；2—法兰；3—垫片；4—衬（涂）层
保护外套；5—法兰盘；6—螺母；7—螺栓

图 4-22　玻璃钢管道、设备上的测温取源部件
1—法兰；2—光滑面法兰垫片；3—衬（涂）层
保护外套；4—法兰盖；5—螺母；6—螺栓

（3）与管道垂直安装时，取源部件轴线应与管道轴线垂直相交，如图 4-24（a）所示。

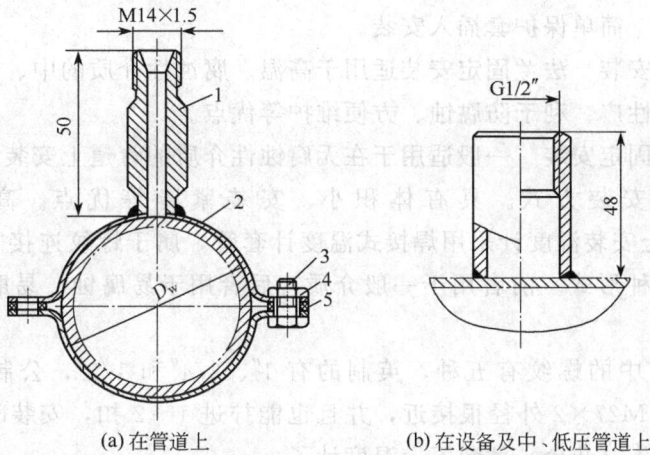

(a) 在管道上　　(b) 在设备及中、低压管道上

图 4-23　测表面温度的取源部件
1—铠装热电偶连接头（卡套式）；2—管卡；3—螺栓；4—螺母；5—垫片

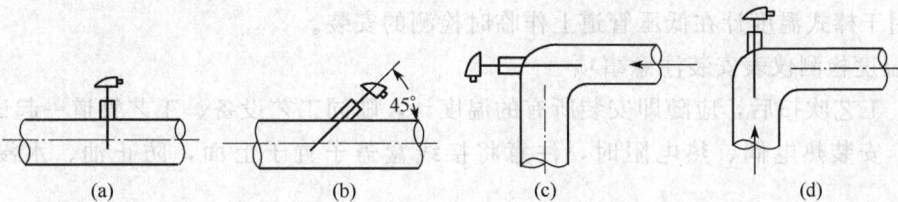

(a)　　(b)　　(c)　　(d)

图 4-24　温度计安装示意图

（4）与管道呈倾斜角度安装时，宜逆着物料流向，取源部件轴线应与管道轴线相交，如图 4-24（b）所示。

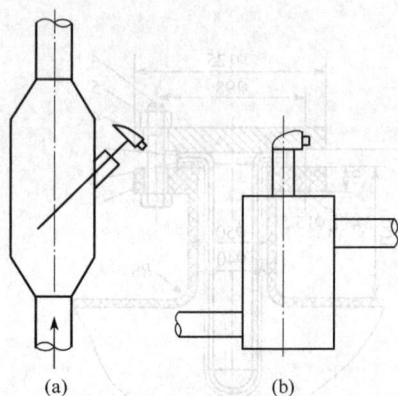

(a)   (b)

图 4-25 扩大管安装

（5）在管道的拐弯处安装时，宜逆着物体流向，取源部件轴线应与工艺管道轴线相重合，如图 4-24 （c）、（d）所示。

（6）工艺管道直径太小时，应加扩大管。一般公称直径小于 50mm 时，安装水银温度计或热电偶时要加扩大管；公称直径小于 80mm 时，安装热电阻温度计或双金属温度计时需要加扩大管。根据温度计的尾长，确定扩大管直径的大小及凸台的高度，要保证温度计的最大插入深度。

扩大管的材质应与工艺管道材质相同。当工艺管道垂直时，应采用同心扩大管；当工艺管道水平时，应根据被测介质和工艺要求采用同心或偏心扩大管。扩大管制作安装要符合设计文件规定。扩大管安装如图 4-25 所示。

二、温度检测仪表安装

1. 测温元件的安装方式

测温元件安装按固定形式可分四种：法兰固定安装、螺纹连接固定安装、法兰和螺纹连接共同固定安装、简单保护套插入安装。

（1）法兰固定安装　法兰固定安装适用于高温、腐蚀性介质的中、低压管道上安装测量元件。具有适应性广、利于防腐蚀、方便维护等优点。

（2）螺纹连接固定安装　一般适用于在无腐蚀性介质的管道上安装温度计，炼油厂按习惯常采用这种安装方式。具有体积小、安装紧凑等优点。高压（$PN22MPa$，$PN32MPa$）管道上安装温度计采用焊接式温度计套管，属于螺纹连接安装形式，有固定套管和可换套管两种形式。前者用于一般介质，后者用于易腐蚀、易磨损且需要更换的场合。

螺纹连接固定中的螺纹有五种，英制的有 1″、3/4″ 和 1/2″，公制的有 M33×2 和 M27×2；G3/4″ 与 M27×2 外径很接近，并且也能拧进 1～2 扣，安装时要小心辨认，否则焊错了温度计接头（凸台）就装不上温度计了。

（3）法兰和螺纹连接共同固定的安装方式　当带附加保护套时，适用于有腐蚀性介质的管道、设备上安装。

（4）简单保护套插入安装　有固定套管和卡套式可换套管（插入深度可调）两种形式，适用于棒式温度计在低压管道上作临时检测的安装。

2. 温度检测仪表安装注意事项

（1）工艺吹扫后，应随即安装所有的温度计，随同工艺设备、工艺管道一起试压。

（2）安装热电偶、热电阻时，注意将接线盒盖子置于上面，防止油、水浸入接线盒内。

（3）在温度计保护管上焊连接件时，要将测温元件抽出来，以免使元件受损伤。抽热电偶时不能碰碎瓷环。

（4）热电偶温度计、热电阻温度计，不允许安装于强磁场区域内。

（5）表面温度计的感温面必须与被测对象表面紧密接触、固定牢固。

（6）压力式温度计的温包必须全部浸入被测对象中，毛细管的敷设应有保护措施，其弯曲半径不应小于50mm，周围温度变化剧烈时应采取隔热措施。

（7）测温元件安装在易受被测物料强烈冲击的位置，以及当水平安装时其插入深度大于1m或被测温度大于700℃时，应采取防弯曲措施。

（8）在粉尘部位安装测温元件，应采取防止磨损的保护措施。

（9）特殊热电偶、热电阻和仪表线路敷设应符合设计文件要求。

第六节　控制阀安装

执行器按能源不同分气动、电动和液动三种。目前大多数场合采用气动薄膜执行器，它具有防爆抗振、输入推力大、结构简单、坚固等优点。

一、安装要求

（1）控制阀安装之前要进行水压试验，由仪表工配合钳工进行。冬季试压完毕要将阀内积水排净，以防冻裂阀门。

（2）安装位置应便于观察、操作和维护。介质流出方向应与阀体上标志一致。

（3）执行机构应固定牢固，操作轮要处于便于操作的位置。执行机构的机械转动要灵活，无松动、卡涩现象。执行机构连杆的长度要能控制，能保证控制在全开到全关范围内动作灵活平稳。

（4）安装用螺纹连接的小口径控制阀时，必须装有可拆卸的活动连接件。

（5）液动执行机构的安装位置应低于控制器。当必须高于控制器时，两者间最大的高度差不应超过10m，且管道的集气处应有排气阀，靠近控制器处应有逆止阀或自动切断阀。

（6）电磁阀的进出口方位要按设计要求安装。安装前应按产品技术文件的规定检查线圈与阀体间的绝缘电阻。

（7）当控制机构能随同工艺管道产生热位移时，执行机构的安装方式应能保证其和控制机构的相对位置保持不变。

（8）气动和液动执行的信号管应有足够的伸缩余量，不应妨碍执行的动作。

（9）工艺管道吹扫时，应将控制阀拆下放倒，以短节代替阀体，以免管道内杂物损伤阀芯，阀要同工艺管道一起试压，试压时阀置于全开位置。

二、配管和配线

（1）执行器的配管和配线应满足控制系统要求。

（2）执行器的配管宜采用$\phi6×1$紫铜管。大膜头执行器和气动闸阀宜采用$\phi8×1$紫铜管。

（3）防爆区域内配线要符合防爆设计文件规定。

（4）执行器的压缩空气等级要符合产品说明书的要求，压缩空气质量要符合设计要求。

三、安装实例

控制阀安装需要几个工种配合。现在，一般由工艺直接安装在管道上，工艺配管必须考虑操作条件及其对执行器的切断和旁路要求。在执行器检修时不允许工艺停车，而需安全地进行手动操作的场合，应安装切断阀和旁路阀，常见的几种工艺配合管方案如图4-26所示。

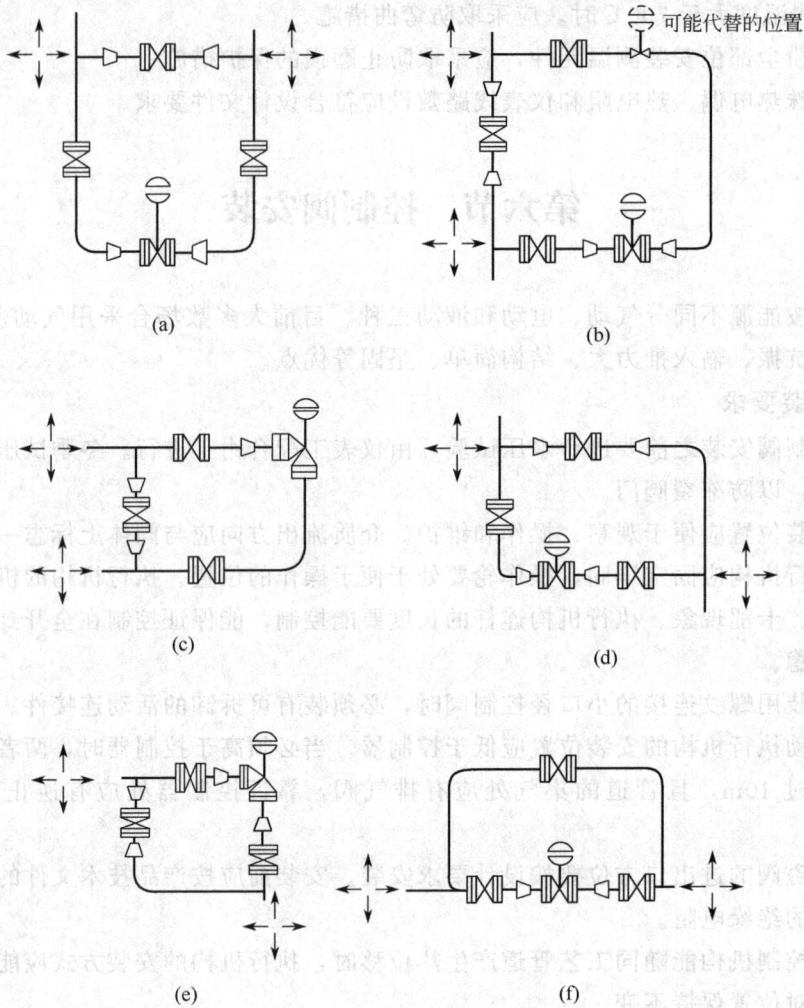

图 4-26 控制阀组组成形式

一般控制阀的连接管径小于管道直径，所以，两头配装大小短接头与工艺管道连接，如图4-27所示。

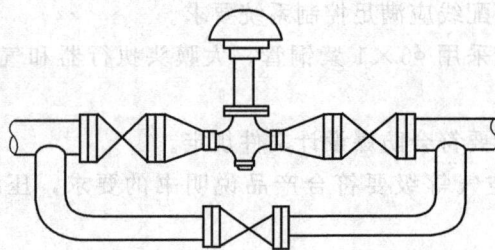

图 4-27 控制阀安装

控制阀杆行程校验，膜头气密性实验，阀门定位器的安装和配管以及改换阀芯（改变控制阀芯作用方向）等工作，由仪表工负责。

阀门定位器用螺栓直接固定在阀体上，其反馈杆相连，配管一般均采用铜管，如图4-28 所示。

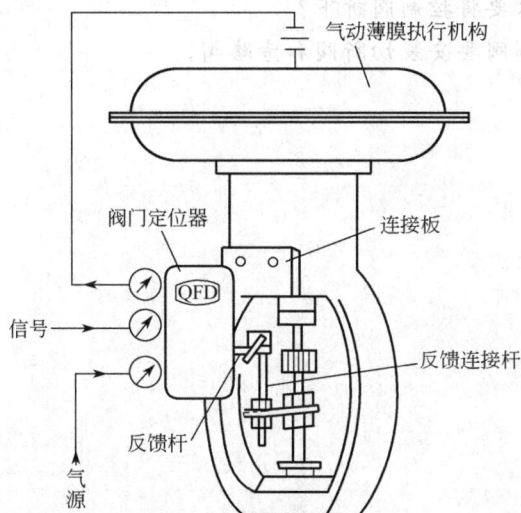

图 4-28　控制阀配阀门定位器

现场安装的仪表很多，如：霍尔压力变送器，双波纹管差压变送器，智能变送器，涡轮流量计，辐射式液位计，高温辐射温度计，气动执行器，电动执行器，蝶阀，滑阀等。施工时可根据设计文件和仪表出厂说明书要求进行安装。

虽然仪表种类很多，每种仪表又有各自的安装要求，但其安装方式有一定的规律，只要掌握了仪表安装的共性，就可以举一反三，逐步掌握仪表安装工艺，成为熟练的高级仪表安装技术工人。

思考与复习题

1. 仪表安装于现场之前必须要做哪些准备工作？
2. 开控制点工作应该在什么时候进行，为什么？
3. 压力取源部件安装必须符合什么要求？
4. 分别画出气体、蒸汽、液体水平管道上取压口方位图？
5. 测量脉动介质压力，要采取哪些措施？
6. 集体安装压力表的高度是多少？
7. 节流装置安装对管道有哪些要求？
8. 节流件安装要注意哪些事项？
9. 测量管道敷设时有什么要求？安装后如何试压和查漏？
10. 哪几种流量仪表检测元件安装时，前后需直管段？
11. 核辐射式物位计安装时有哪些特别的注意事项？
12. 静压液位计取源部件安装要注意什么？

13. 温度取源部件安装在工艺管道上时，要注意什么？
14. 测温元件安装方式有哪几种？
15. 温度检测仪表安装有哪些注意事项？
16. 控制阀安装前要做哪些准备工作？
17. 工艺吹扫时，为什么要将控制阀拆下？
18. 什么情况下安装控制阀要安装切断阀和旁路阀。

第五章 集散系统、现场总线系统的安装

第一节 集散系统的安装

传统仪表控制系统主要由两部分组成：一部分是现场仪表，如孔板、变送器、控制阀等，习惯上称为一次仪表；另一部分是安装在主控制室内的控制器、显示仪、记录仪等，习惯上称为二次仪表。随着控制技术的发展，二次仪表正逐渐被 PLC、DCS 等先进控制设备所替代。现场仪表的安装，在有关章节已有介绍，这里主要介绍集散系统硬件安装，即盘、柜、机的安装和它们之间连线，系统工作接地，电源，基本控制器，多功能控制器的安装，安全接地与隔离。

一、DCS 系统安装对控制室的要求

集散系统安装前，负责该项目的施工人员，要认真阅读厂家提供的《现场准备工作要求说明书》和厂家产品技术规范中有关现场方面的具体指标，并制定详细施工措施。控制室一般要达到的条件如下：

（1）地板、顶棚、内墙、门窗、装修施工完毕。

（2）基础底座安装工作结束。

（3）空调系统已投入运行。

（4）供电系统和室内照明等电气施工结束并已正常投入运行。

（5）接地系统施工结束，接地电阻符合设计文件要求。

具备上述条件，集散控制系统设备才可以在室内开箱，开箱和搬运中应防止剧烈振荡，避免灰尘、潮气进入设备。施工人员必须保持清洁，进入控制室要换上干净的专用拖鞋，在插件的检查、安装、试验过程中应采取相应的防静电措施。

二、DCS 系统的机、柜、盘及操作台安装

集散系统的机、柜、盘及操作台要求整体运到控制室，在安装前开箱，开箱要遵守"开箱检验"的规定。开箱时，要供货方、甲方、乙方以及运输部门有关人员在场，按《设备装箱清单》，共同检查到货设备数量、质量，几方人员都详细检查登记，共同签字认可。质量保证文件、技术资料要妥善保管，随交工资料一起交给甲方。机、柜、盘及操作台安装和常规仪表的一样，安装方法见第二章。在 DCS 安装就位之前，先要做下列检查。

（1）安装位置是否符合设计文件要求，空间是否充足，地面是否结实，能否承担机器设备的重量，安装固定装置与 DCS 设备是否配套，地下走线槽是否合理。

（2）供电系统是否符合设计文件要求。

（3）接地措施是否符合设计文件要求。

然后将操作员站、工程师站、控制站等分别就位，在就位过程中要仔细阅读操作站、机柜平面布置图，核对每站的编（标）号和其在图中的位置，将每个站按要求的位置分别就位。就位之后，卸除各种操作台和机柜内为运输所设置的紧固件，核对各站的接地设施，分别按要求进行接地。核实各站的供电接线端子和电源分配盘，按要求接电源。然后做如下几项工作。

（1）将操作站、工程师站的外设单元按设计文件要求接上电源线。

（2）检查控制站内各内部电源的开关是否均处于"关"位置，如果需要，将内部电源接上。

（3）仔细检查上述各电源、地线连接是否正确，然后将控制站各模板插入相应机笼槽内，将各机柜内部的信号电缆接上。大部分系统提供的内部转接线均是标准的组装电缆或扁平电缆，两端均应有标准的插头和标签。注意连接时不能插反（大部分的连接器反向不能插入，但也有例外），否则会产生严重的后果。

（4）按设计文件要求连上网络通信电缆。

对上述工作进行核实后，进行下面的工作。

（1）检查控制站内、各操作站主机、CRT、打印机等外设的电源开关是否处于"关"位置。

（2）打开各站的供电总开关，然后逐个打开各设备的电源，对各个设备、各个模板加电，检查是否正常。

（3）启动厂家提供的系统硬件测试程序，进行系统自检，检查所有硬件是否正常。

（4）硬件检查正常后，启动系统软件，检查实时数据库的安装运行、操作员站的所有功能、控制站的运行、工程师站的运行是否正常。

最后，双方起草一份《加电测试报告》，记录测试人员、时间、测试过程的详细记录及结论意见，双方共同签字确认。

三、接地及接地系统的安装

集散系统有一个良好的接地是保证其安全工作和测量准确的主要措施。它分为逻辑地、信号回路地、屏蔽地、供电系统地、保护地、安全栅地等。各接地母线彼此绝缘，各接地系统无混线，只在接地体汇合。

不同 DCS 厂家对接地有不同要求，按厂家要求打接地极，接地电阻一般不超过 1Ω。如果达不到要求，必须采取减小电阻的措施（第三章已介绍）。

组成集散系统的模件、模块比较娇贵，怕静电感应，更经受不了雷击感应。所以不仅要做好感性负载的泄放电路，而且要按厂家对接地的要求去安装，系统接地电阻应小于 4Ω。接地连接时，螺栓搭接要装有防松弹簧垫片，在强振动场合最好采用焊接连接方式。

不同厂家对其产品接地要求各不相同。图 5-1 是 DCS 系统的接地图。

一般工控机（包括自动化仪表）的接地系统由接地线汇流排、公用连接板、接地体等组成，接线方法如图 5-2 所示。

四、集散系统的接线

集散系统的接线是集散系统安装中最麻烦、最容易出错的工作，一定要谨慎、细致。集散系统接线主要有两部分：一部分是控制室内硬件设备之间的连接；另一部分是控制室设备与现场仪表包括执行器的连接。

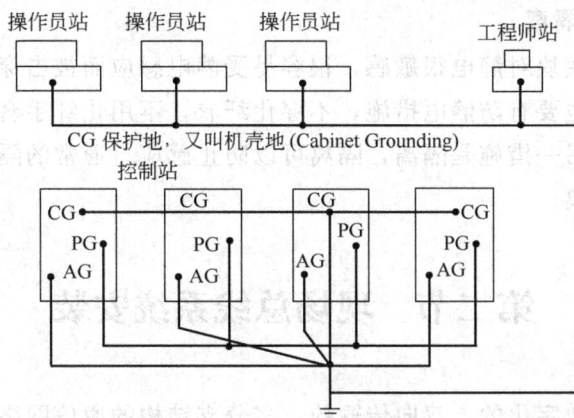

图 5-1　DCS 系统接地图

注：CG（Cabinet Grounding）保护地，又叫机壳地 PG（Power Grounding）电源地，
又叫逻辑地 AG（Analog Grounding）模拟地，又叫屏蔽地

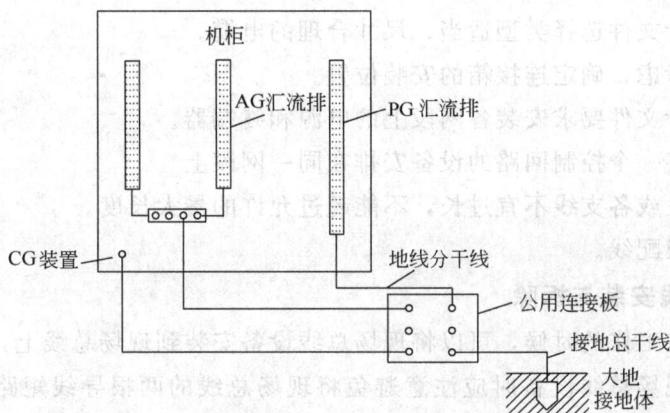

图 5-2　接线方法

接线施工前，施工人员一定要仔细阅读有关施工文件。仔细确认每一个信号的性质（AI，AO，DI，DO）、传感器或变送器的类型、开关量的通断、负载的性质，认真对照各机柜以及机柜内各端子板的位置，确认各接线端子的位置，然后按下列程序接线。

（1）各控制站的电源已断开，各现场信号线均处于断电状态。

（2）各端子上的开关处于断开状态，DCS 若没有提供此设施，则将各 I/O 卡拨出机笼，断开它们与现场的连接。

（3）现场信号线按要求接好。

（4）对照《信号端子接线图》和信号线上的标签，检查接线的正确性和连接的可靠性。

（5）与计算机 I/O 断开的情况下，对各现场信号的现场仪表加电，对照《系统控制采集点单》，逐一检查每一路信号性质、量程和开关负载是否正确，做好测试记录。

特别提醒以上接线和测试工作均应在各 I/O 站处理板与信号断开的情况下进行，否则会烧坏模板，甚至烧坏系统。

在接线工作中，还要注意布线合理和美观，每对端子的紧固力度大小要合适。全部正确无误后，才算接线工作已正确完成。

五、防止静电与隔离

集散系统中集成模块对静电很敏感，很容易受静电感应而被击穿。虽然每个装置都有接地系统，试验人员也要有防静电措施，不穿化纤衣，不用化纤手套。

保证系统安全的另一措施是隔离，隔离可以防止感应。通常的隔离办法是采用隔离变压器和采用光电法隔离。

第二节 现场总线系统安装

现场总线是一种数字化的、双向传输的、多分支结构的通信网络，现场总线系统安装布线与传统的现场仪表有很大区别。

一、安装要求

FCS 系统安装除了满足 DCS 系统安装要求外，在实际的安装中还应满足以下要求。

（1）根据设计文件选择类型适当、尺寸合理的电缆。

（2）从整体考虑，确定连接箱的安装位置。

（3）根据设计文件要求安装各网段上的电源和终端器。

（4）尽可能将一个控制回路的设备安排在同一网段上。

（5）总线网段或各支线不宜过长，不能超过允许的最大长度。

（6）避免多级配线。

二、FCS 在线安装与拆除

现场总线正在工作的时候，可以将现场总线设备安装到现场总线上，或者从现场总线上拆除。在安装现场总线设备时应注意避免将现场总线的两根导线短路、碰屏蔽层或接地。通信速度不同的现场总线设备是不能连接在同一路现场总线上的。但具有相同通信速度的总线供电设备和非总线供电设备可以连接在同一路现场总线上。非现场总线设备是不允许连接到现场总线上的。带有线圈的模拟式指示表会影响现场总线的通信，因此，在查找故障时，应使用高阻抗的数字化仪表。

按下列步骤将一个现场总线设备安装到总线上。

（1）在工作室将现场总线设备与带有系统组态软件的计算机单独连接在一起。

（2）用计算机为该现场总线设备分配一个标签。

（3）将该现场总线设备拆下并带到现场。

（4）将该现场总线设备安装到正在工作的现场总线上。

（5）把组态下载到该现场总线设备上。

三、屏蔽接地与极性

许多类型的电缆可以用于现场总线，但一般推荐使用屏蔽双绞线。电缆的允许长度与电缆的类型有关。IEC/ISA 物理层中指定的电缆类型见表 5-1。

A 型电缆传输性能最好，允许传输的距离也最远，新建项目一般用这种类型的电缆。B 型电缆传输性能略差于 A 型，主要用于多条现场总线共存于同一区域的情况下。C 型和 D 型传输性能较差，主要用于改造项目。其中 C 型电缆是无屏蔽电缆，一般应敷设在金属导管中。金属导管只起到屏蔽作用，不需要再考虑屏蔽的连接问题。而对于其他 3 种类型的电缆，则需要考虑屏蔽的连接问题，如图 5-3 所示。

表 5-1　电缆类型

电缆型号	电缆类型	规格号	最大长度
A 型	屏蔽双绞线 H1(31.25Kb/s)	♯18AWG	1900m
B 型	多股屏蔽双绞线 H1(31.25Kb/s)	♯22AWG	1200m
C 型	屏蔽双绞线 H1(31.25Kb/s)	♯22AWG	400m
D 型	多芯屏蔽线(31.25Kb/s)	♯16AWG	200m

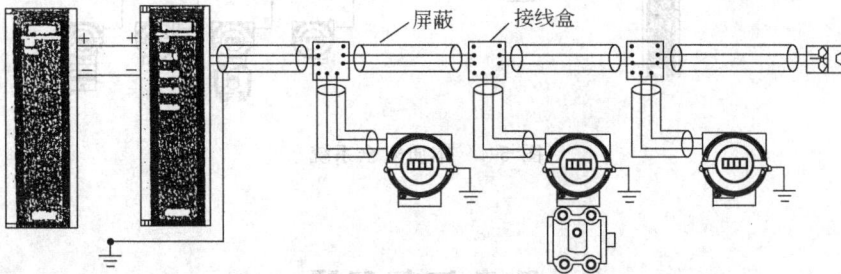

图 5-3　屏蔽接地的方法

使用屏蔽电缆时，要将各支线的屏蔽层与干线的屏蔽层连接在一起，最后集中于一点进行接地。根据低速现场总线标准，整条电缆上只允许一点接地，总线任何一端都不允许接地，屏蔽层不能当作电缆线。

现场总线所使用的曼彻斯特信号是双极性信号，每个位置改变，极性也可能改变。现场总线设备可能有极性区分（如总线供电设备），应将所有设备当作有极性的要求，所以，双绞线和所有的连接点都应注明极性。

四、本质安全

本质安全要求在易燃易爆环境下，使用的电气设备在任何故障状态下产生的火花或发热量不足以点燃易爆介质。它的基本思想是限制危险场所电气设备中的能量。要求电压不大于 30％，电流不大于 30mA，对储能元件电容、电感都有严格限制。因此，对本质安全系统的设备、电源和导线都有严格的要求。

现场总线如果是本质安全系统，应对每一条现场总线所连接的设备数量和电缆长度有严格的规定。需要使用专用总线安全栅或电流隔离器，不能用其他网络安全栅或一般安全栅代替。

现场总线非本质安全系统，一条现场总线上一般可以连接 16～32 台现场总线设备，而对于本质安全系统，每一个安全栅引出的现场总线上能连接 2～16 台现场总线设备。现场总线本质安全系统安装方式如图 5-4 所示。

安装现场总线本质安全系统时必须注意：安全栅和隔离器是不允许安装在危险场所的；位于危险场所的现场总线设备包括终端器（必须是本质安全的），对电缆的电气性能，如电容、电缆，以及电感电阻比都有一定要求。可参考有关的技术规范，如 Entity 模型和 FISCO 模型。

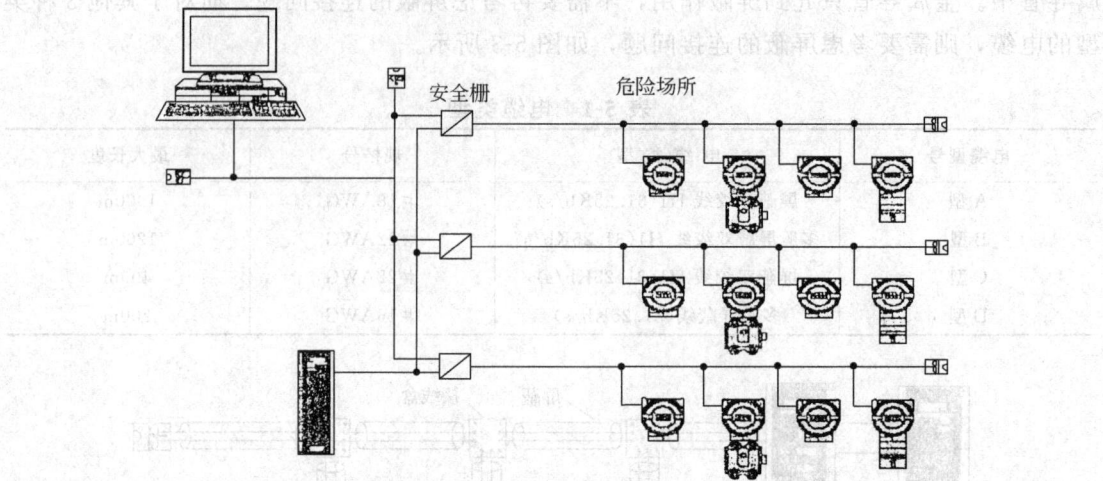

安全栅　　　　　　　危险场所

图 5-4　本质安全系统

思考与复习题

1. DCS 系统安装对控制室有什么要求？
2. DCS 系统设备开箱有什么规定？
3. DCS 系统对接地电阻有什么要求？
4. DCS 系统安装接地有什么要求？
5. DCS 系统安装为什么要防止静电？
6. FCS 系统安装要求是什么？
7. FCS 系统在查找故障时，为什么要使用高阻抗数字化仪表？
8. 如何将现场总线设备安装到在线现场总线上？
9. FCS 屏蔽接地方法是什么？
10. FCS 本安装系统有什么要求？

第六章　仪表试验和工程交接验收

仪表在安装和使用前，要进行检查、校准和试验，确认符合设计文件要求及产品技术文件所规定的性能。仪表工程系统开通投入运行前要进行回路试验。即模拟正常工艺情况的功能联合检查，通常称之为"假动作"。需要进行试验的系统有：检测回路、控制回路、报警系统、程序控制系统和联锁系统等。

第一节　仪　表　试　验

一、单台仪表校准和试验

1. 一般规定

(1) 仪表校准和试验的项目、方法、条件应符合产品技术文件和设计文件规定要求，并使用制造厂已提供的专用工具和试验设备进行校准和试验。

(2) 标准仪器仪表应具备有效的计量检定合格证明，其基本误差的绝对值不宜超过被校准仪表基本误差绝对值的 1/3。

(3) 单台仪表校准点应在全量程范围内均匀选取 5 点。回路试验时，应不少于 3 点。

(4) 仪表试验用的电源电压应稳定。交流电源和 60V 以上的直流电源电压波动不超过 10%。60V 以下的直流电源电压波动不超过 5%。

(5) 气源压力应稳定、清洁、干燥，露点比最低温度低 10℃以上。

(6) 校准和试验应在室内进行。试验室应具备下列条件，室内清洁、安静、光线充足、无振动、无电磁干扰；室温在 10～35℃范围内；有上下水设施。

(7) 对于施工现场不具备校准条件的仪表，可对检定合格证明的有效性进行验证。

(8) 设计文件规定禁油和脱脂的仪表，必须按其规定进行校准和试验。

2. 单台仪表校准和试验要求

(1) 指示显示仪表的校准和试验有下列项目要求：面板清洁，刻度和字迹清晰；指针在全刻度范围内移动灵活、平稳，示值误差、回程应符合仪表准确度规定；在规定工作条件下倾斜或轻敲表壳后，指针移动不超过仪表准确度的规定。

(2) 指针式记录仪表的校准和试验有下列要求：指针在全标度范围内的示值误差和回程误差应符合仪表准确度的规定；记录机构的划线或打印点应清晰，打印纸移动正常；记录纸上打印的号码或颜色应与切换开关及接线端子上标示的编号一致。

(3) 变送器、转换器、积算仪表、分析仪表显示仪表、单元组合仪表、组装式仪表校准和试验，均应按产品的技术文件和设计文件规定要求去做。

（4）温度检测仪表的校准试验点不应少于 2 点。直接显示温度计的示值误差应符合仪表准确度的规定。热电偶和热电阻可在常温下对元件进行检测，可不进行热电性能试验。

（5）浮筒式液位计可采用干校法或湿校法校准。干校挂重质量的确定以及湿校试验介质密度的换算，均应符合产品设计使用状态的要求。

（6）贮罐液位计、料面计可在安装完成后直接模拟物位进行就地校准。

（7）称重仪表及其传感器可在安装完成后均匀加载标准重量进行就地校准。

（8）测量位移、振动等机械量的仪表，可使用专用试验设备进行校准和试验。

（9）对于流量检测仪表，现场无条件校准和试验，应对制造厂的产品合格证和有效的检定证明进行验证，并保留产品合格证作为交工资料。

（10）数字式显示仪表的示值应清晰、稳定，在测量范围内其示值误差应符合仪表准确度的规定。

（11）控制仪表的显示部分应按照上面对显示仪表的要求进行校准，仪表的控制点误差，比例、积分、微分作用，信号处理及各项控制、操作性能，均应按照产品技术文件的规定和设计文件要求进行检查、校准、调整和试验，并进行有关组态模式设置和控制参数预整定，并填写相关的记录。

（12）控制阀和执行机构的试验应符合下列要求：阀体压力试验和阀座密封试验等项目，可对制造厂出具的产品合格证明和试验报告进行验证，对事故切断阀应进行阀座密封试验，其结果应符合产品技术文件的规定；膜头、缸体泄漏性试验合格，行程试验合格；事故切断阀和设计规定了全行程时间的阀门，必须进行全行程时间试验；执行机构在试验时要按设计文件规定调整到工作状态。

（13）单台仪表校准和试验合格后，应及时填写校准和试验相关记录表格，并保存好作为交工资料；仪表上应有仪表位号和合格标志；需要加封印和漆封的部位校准和试验合格后，应及时加封印和漆封。

二、仪表电源设备试验

1. 仪表电源设备安装要求

（1）仪表电源设备安装前按下列要求检查其外观和技术性能：固定和接线用的紧固件、接线端子应完好无缺，无污物和锈蚀；继电器、接触器和开关的触点，应接触可靠，动作灵活，无锈蚀、损坏；防爆电气设备及其附件的填料函、密封垫圈，应完整、密封可靠；设备所带的附件齐全；设备的电气绝缘性能、熔断器的容量、输出电压值应符合产品技术文件的规定。

（2）检查、清洗或安装仪表电源设备时，不应损伤设备的内部接线、触点和绝缘，有密封可调部件不可随意启封，必须启封时，应重新密封并填写相应记录。

（3）就地仪表供电箱的箱体中心距操作地面的高度应为 1.2～1.5m，成排安装时要注意排列整齐、美观。其规格型号要符合设计文件规定。金属供电箱应有明显接地标志，接地线连接应牢固可靠。

（4）仪表电源设备安装要牢固、整齐、美观，设备信号、端子标志、操作标志等要完整无缺。避免将供电设备安装在高温、潮湿、多尘、有腐蚀、易燃、易爆、有振动及有可能干扰附近仪表等位置。如果不可避免时，应按设计文件要求采取必须的防护措施。

（5）盘（柜、台）内安装电源设备及配电线路，两带电导体间，导电体与不带电裸露的导体间，电气间隙和爬电距离要符合下列要求：额定电压为 300～500V 的线路，电气间隙为 8mm，爬电距离为 10mm；额定电压为 60～300V 的线路，电气间隙为 5mm，爬电距离为 6mm；额定电压低于 60V 的线路，电气间隙和爬电距离均为 3mm。

（6）强、弱电的端子应分开布置。

（7）供电系统送电前，系统内所有开关都应置断开位置，并应检查此熔断器的容量。

（8）仪表工程安装和试验期间，所有供电开关和仪表的通、电断电应有显示或警示标志。

2. 仪表电源设备试验

（1）首先用 500V 兆欧表测电源设备的带电部分，其与金属外壳之间的绝缘电阻不应小于 5MΩ。当产品另有规定时，应符合其说明书规定。

（2）电源的整流和稳压性能试验，应符合产品技术文件和设计文件的规定。

（3）不间断电源应进行自动切换性能试验，切换时间和切换电压值应符合产品技术文件和设计文件的规定。

三、综合控制系统试验

综合控制系统试验是指控制室内仪表设备的试验，不包括现场部分。现在一般由供货厂方和建设单位为主，施工单位配合进行试验。试验要求如下。

（1）试验必须在回路试验和系统试验前完成。

（2）试验应在本系统安装完毕，供电、照明、空调等有关设施已投入运行的条件下进行。

（3）试验可按产品技术文件和设计文件的规定安排进行。

（4）其中硬件试验项目应有：接地系统检查和接地电阻测量；盘（柜、台）和仪表装置间绝缘电阻测量；电源设备和电源插卡各种输出电压的测量和调整；系统中全部设备和全部插卡的通电状态检查；通过直接信号显示和软件诊断程序对装置内的插卡、控制和通信设备、操作站、计算机及其外部设备等进行状态检查；输入、输出插卡的校准和试验，系统中单独的显示、记录、控制、报警等仪表设备的单台校准和试验。

（5）其中软件试验项目有：系统显示、处理、操作、控制、报警、诊断、通信、冗余、打印、拷贝等基本功能的检查试验；控制方案、控制和联锁程序的检查。

四、回路试验和系统试验

为了将各种故障在系统投入运行前排除，在开通投入运行之前必须进行回路试验和系统试验。试验前必须具备下列条件：回路中的仪表设备、装置和仪表线路、仪表管道安装完毕；组成回路的各仪表的单台试验和校准已经完成；仪表配线和配管经检查确认正确完整，配件、附件齐全；回路的电源、气源和液压源已能正常供给并符合仪表运行的要求。

（一）试验前准备

为了顺利进行试验，试验工作要有足够的重视和做好充分的准备。其中包括人员配备、工器具准备和各种技术资料准备。

1. 人员配置

由于回路试验和系统试验工作十分重要且复杂，进程中会出现各种难于预测的情况，所以对参加试验的工作人员应有一定的要求。

（1）试验人员应具有独立工作的能力，对可能出现的各种问题应有能力解决，会使用各种标准仪器。

(2) 对全厂各控制回路较熟悉,工艺流程较清楚,具有较熟练的仪表校准和调整及安装工作技能。

(3) 头脑冷静,处理问题准确、迅速、果断。

2. 工器具准备

试验所需工器具有:各类导线、无线对讲机、万用表、毫安表、手持终端、U 形管,各种接头、定值器、标准电阻箱、电桥和信号源等。某些非标准系列的设备及工器具应在一次检验时准备齐全。

3. 技术资料准备

为保证试验的顺利进行,试验前应根据现场情况和回路复杂程度,按回路和信号类型合理安排。在试验前应准备好有关的图、表、规范等技术资料,做好试验记录准备工作,按资料对各种系统进行必要的复查。

(1) 图纸分类:对各工作所需图纸均应进行分类,做到各取所需、不丢不乱,对各控制器的正反作用列表查清,一次性预置。

(2) 送电前的检查:为使仪表正常工作,在联校前应对照图纸进行检查,其中包括绝缘检查、线路检查、气源检查等。

对电动仪表,应检查仪表电源电压是否与设计相符,各保险器是否接触良好,导线接头是否牢固,接地是否合格等。

对气动仪表,应检查气源压力,各阀门位置,气源干燥程度,纯度等。如气源中水分较大,应放空一段时间;如果杂质含量多,则应净化后再使用。

(二) 试验要求

(1) 综合控制系统可先在控制室内以与就地线路相连的输入输出端为界进行回路试验,然后再与就地仪表连接进行整个回路的试验。

(2) 检测回路的试验要求:在检测回路的信号输入端模拟输入被测变量的标准信号,回路显示仪表部分的示值误差,不应超过回路内各单台仪表允许基本误差平方和的平方根值;温度检测回路可断开检测元件的接线,在检测元件输出端向回路输入电阻值或毫伏值模拟信号;现场不具备模拟被测变量信号的回路,应在其可模拟输入信号的最前端输入相关模拟信号进行回路试验。

(3) 控制回路试验要求:检查控制器和执行器的作用方向是否符合设计规定;通过控制器或操作站的输出向执行器发送控制信号,执行器执行机构的全行程动作方向和位置应正确,执行器带有定位器时应同时试验;当控制器或操作站上有执行器的开度和起点、终点信号显示时,应同时检查执行器开度和起点、终点是否符合设计规定。

(4) 程序控制和联锁系统的试验要求:系统试验中应与相关的专业配合,共同确认程序运行和联锁保护条件及功能的正确性,并对试验过程中相关设备和装置的运行状态、安全防护采取必要的措施;程序控制系统和联锁系统有关装置的硬件和软件功能试验已经完成,系统相关的回路试验已经完成,才能进行该项试验;系统中的各有关仪表和部件的动作设定值,应根据设计文件规定进行整定;联锁点多、程序复杂的系统,可分项、分段逐步进行试验后,再进行整体检查试验;程序控制系统的试验应按程序设计的步骤逐步检查、试验,其条件判定、逻辑关系、动作时间和输出状态等均应符合设计文件规定;在进行系统功能试验时，可采用已试验整定合格的仪表和检测报警开关的报警输出接点直接发出模拟条件信号。

（5）报警系统的试验要求：系统中有报警信号的仪表设备，如各种检测报警开关、仪表的报警输出部件和接点，要根据设计文件规定的设定值进行整定；在报警回路的信号发生端模拟输入信号，检查报警灯光、音箱和屏幕显示是否正确。报警点整定后应在调整器件上加封记；检查报警的消音、复位和记录功能是否正确。

试验必须填写有关记录，有的要作为交工资料。

第二节　工程交接验收

在设计文件范围内仪表工程的取源部件，仪表设备和装置，仪表管道，仪表线路，仪表供电、供气、供液系统，均已按设计文件和正在施行施工规范的规定安装完毕，仪表单台设备的校准和试验合格后，仪表工程回路试验和系统试验已完成，即可进行"三查四定"。

一、三查四定

"三查四定"是交工前必须做的一个施工工序，由设计单位、施工单位、建设单位和监理公司的人员对每一个系统进行全面仔细的检查，一查施工质量是否符合《自动化仪表工程施工及验收规范》（GB 50093—2002）规定，施工内容是否符合图纸要求；二查是否有不安全因素和质量隐患；三查是否还有未完成项目。对查出的问题必须四定，即："定责任、定时间、定措施、定人员。"

"三查四定"工作完成后，建设单位应对施工单位所施工的工程进行接管。从施工阶段进入开通投入运行阶段时，装置由施工单位负责转到由建设单位负责。由于工程进入紧张的开通投入运行阶段，建设单位人员大量介入，如果工程保管权还在施工单位，会影响开通投入运行工作的正常进行，会产生一些矛盾，但又不具备正式交工条件，因此要有一个"中间交接"阶段。这一阶段是一个特殊的阶段，是建设、施工单位人员携手共同进行开通投入运行的阶段。"中间交接"具体时间、形式双方共同商定解决，"中间交接"双方要签字，要承担责任。只有经过"中间交接"的装置，建设单位才有权使用。

二、系统开通投入运行及安全要求

仪表工程的回路试验和系统试验完毕，并符合设计文件和正在执行的施工规范的规定，即可开通投入运行。

开通投入运行是一个多环节、多工种、复杂的过程，稍不小心，就会出现各种事故，多为人为事故，造成国家财力、物力损失或人身事故。因此，在开通投入运行过程中安全生产应摆在第一位。

1. 仪表设备的安全

（1）开通投入运行工程中所损坏的仪表多人为事故造成，因此必须非常熟悉标准表和被试表的性能，使用方法等。

（2）在对被试表进行检定时，应注意电源的接线方法，接线应准确无误。

（3）开通投入运行工程中，精力应高度集中，不允许做分散注意力的事情。

(4) 使用标准仪器前，应将测试选择开关置于合适位置，防止过荷烧坏。

(5) 标准仪表不准任何人随意破坏铅封和蜡封。

(6) 重要岗位的仪表、阀门等，应挂红字白底的禁动牌。

(7) 强腐蚀场所，如发现泄漏，应及时处理，以免损坏仪表。

(8) 如发现仪表被水浸、腐蚀、烧焦等现象，应停电检查，不允许带电操作。

(9) 强制停车按钮应加装防护盖板，任何人不得随意按动。

(10) 不允许在盘后电源箱加接临时线，以免发生短路，造成全厂停车事故。

2. 人身安全防护

(1) 进入现场，必须做好必要的防护，如防腐蚀、防烧伤、防电击等安全教育。

(2) 工作人员必须随身带试电笔，对有问题的仪表等应确定无电后再进行故障处理。

(3) 对各种裸露的电线头，电缆头等，切勿随意用手触摸，以免触电。

(4) 易燃易爆场所的仪表，不得在未断电时启盖测量，不可以铁器敲击，以免产生火花。

(5) 对测高温高压介质的仪表，不应随意拆卸，以免击伤或烫伤。

(6) 拆卸腐蚀性介质管道时，应防止喷溅，并需有两人以上在场。

三、交接验收

仪表工程连续 48h 开通投入运行正常后，即具备交接验收条件，应办理交接验收手续。交接验收时，应提交文件在第一章已介绍过。施工单位可留少数施工人员进行保运。协助建设单位解决有关生产中出现的问题。另一方面，整理完善交接验收文件。至此，仪表工程施工已全部结束。

思考与复习题

1. 仪表试验时对电源有什么要求？

2. 各种仪表校准和试验要求各不相同，指针式仪表校准和试验有何要求？

3. 仪表电源设备如何试验？

4. 综合控制系统的硬件试验项目有哪些？

5. 如何进行报警系统试验？

6. 进行回路试验和系统试验应做哪些准备工作？

7. "三查四定"的内容是什么？

8. 开通投入运行时，为什么要特别注意安全？

9. 交接验收条件是什么？

10. 交接验收要向建设单位提交哪些文件？

第二篇

过程仪表的维护

通过第一篇的学习和实践，仪表工就能够对各种自动化装置（后文中简称为仪表）进行安装了。在实际工作中，仪表的安装大都是在企业初建和局部改造中进行的。在正常的生产运行中，仪表工的工作重点是对所有仪表（包括系统）进行维护。

所谓维护就是经常检查仪表的工作情况，及时消除故障，从而保证仪表正确可靠的运行，其中也包括对仪表所进行的周检和大、中、小修等工作。随着生产力水平的不断提高，各种仪表的使用越来越频繁。同样，在化工企业中，若不使用各种仪表和控制系统，将无法正常进行生产。过程仪表已成为操作人员控制生产必不可少的工具。从某种程度上讲，使用过程仪表控制生产已成为操作人员的"自身本能"了。所以要求仪表工要像保护自己的"眼睛"一样，维护好企业中的所有仪表。由此可见，过程仪表的维护工作是非常重要的。

做好仪表的维护工作，要求仪表工必须有高度的责任感和必备的维护知识、技能。在对仪表维护的过程中，必然会遇到仪表出现故障的情形，要求仪表工根据所学的专业知识能对故障做出准确的判断和恰当的处理。因此本篇内容分为两章，第七章着重从理论方面介绍对仪表的维护。第八章着重从自动化系统方面，介绍对自动化装置维护中故障分析与处理的方法和实例，以提高仪表工的维护水平。

第七章　仪表维护

第一节　仪表维护工作概况

一、仪表车间的任务与组织

在生产部门中，一般由电仪车间或仪表车间（有的企业也称为仪表分厂、仪表工段，在后面的文字中仅用仪表车间来说明）来保证自动化装置正常运行。仪表车间工作的主要内容是本着对全厂仪表进行维护来展开的，并通过总结经验不断提高仪表维修工的业务水平。具体工作内容总结如下。

① 根据仪表的检修计划，进行日常的维修校准和调整及定期的大、中、小修工作，以确保自动控制装置的灵准。

② 制定各类仪表所需的零件和备件的储备计划，并进行部分零件的加工等。

③ 负责仪表的选型及节流装置、控制阀等的设计和相关计算工作。

④ 组织技术学习，有计划、有系统地提高全体人员的技术水平。根据仪表的作用、原理等技术资料接合实际编制各种仪表使用说明书、图表及规程等技术资料。

⑤ 经常分析控制系统的质量，积极开展与化工自动化有关的各种实验与技术研究活动，参加新的自动化系统的设计工作。

仪表车间的组织形式，按工作要求一般分为日常维护（也简称维护）、检修、金加工及安装四个类型的班、组和专门的技术、行政管理组织，其组织机构简图如图 7-1 所示。

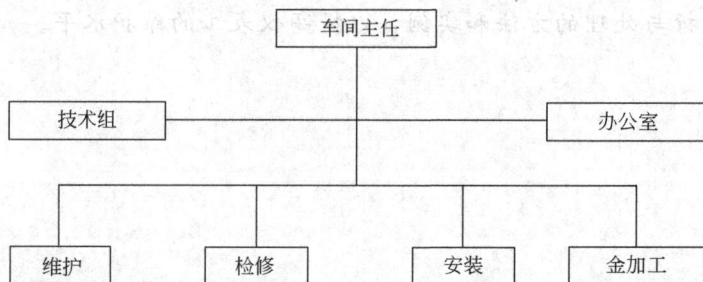

图 7-1　仪表车间组织机构

简介如下：

（1）车间主任　为全车间行政、技术的全面领导者。他带领本车间所有班、组完成本厂所有仪表的安装与维护工作。

（2）技术组 是由经验丰富的工程师及技术员组成的。按个人的职责可称为：现场技术员、生产技术员、施工技术员、机械师、设计师及安全员等。具体工作内容归纳为以下六个方面。

① 在维护和检修中担任现场技术指导，解决管、钳、车、精密加工及调整校准工作中的技术关键问题。

② 收集整理各种技术资料，总结先进经验，并对仪表工进行技术培训。

③ 担负各种资料收集整理和经验总结工作。

④ 负责仪表的选型及有关的计算工作。

⑤ 担任小规模技术改造的设计工作。

⑥ 进行日常的技术管理工作。

（3）维护班 对全厂仪表、自动化系统进行日常维护及调整工作，及时发现和排除仪表在运行中的故障，适当进行一些现场校验及中、小修工作。根据生产需要，车间中常由几个维护班（有的企业分为运行一班、运行二班等）来负责全厂的仪表维护工作。

（4）检修班 根据维护段的仪表请修单，及时维修各种仪表。对已维修完毕，即将重新使用的仪表及厂内所有仪表，根据检修计划，进行定期校准和调整工作。

为了提高劳动生产率和保证检修质量，可以按一定的原则组成各种检修工作间（小组），如气动仪表组、电动仪表组、压力表组、流量表组、智能式仪表组等。每个组必须备有相应的标准仪器、校验仪器和工作台等。

（5）金工班 负责进行仪表的现场拆修、安装，完成大部件的加工任务。如备品、备件中的常用螺丝接头、密封圈等。本段可由管工组、钳工组、车工组等组成，进行车削、钻削、铣削等机械加工，如制造修理各种形式的节流装置、取压环室、各种阀的阀芯、阀座、连杆及齿轮等。

（6）安装组 担负厂内的技术改造，进行设备更新和安装任务。

（7）车间办公室 是由计划员、材料员、考勤员等组成的。他们协助车间主任进行各方面行政管理工作。如计划员编制财务计划，进行定额核算及统计工作，以保证全面平衡及完成生产任务。材料员编制各种材料计划，保证各种备品、备件及消耗材料等的供应。考勤员负责劳动定额、定员、工资计划及生活福利等工作。根据工作需要可增设其他管理人员。

二、仪表维护工作特点

生产中正在运行的仪表分散在整个工艺过程中，随时会受到外界损坏，如灰尘的积聚、气液的腐蚀、管道的泄漏以及振动等。这些因素会破坏仪表正常的工作，导致仪表检测精度下降，甚至失灵。这就决定了仪表维护工作有如下的特点：经常、细致、分散、故障分析较复杂，某些方面还有季节性。

其中，"经常"是指：维护工作一天也不能停止，必须经常地、周期性地进行。细致认真地检查仪表的运行状况，及时进行过滤器排污放水，对传动摩擦部件、开关等进行加油或换油等工作。当发现仪表出现故障时，要从多方面分析，如工艺操作状况是否得当，能源供给系统、冲击管线、仪表本身故障等方面考虑。当仪表损坏严重、故障无法排除时，要与工艺取得联系，及时更换，清洗后送往检修班修理。

三、仪表维护工作中的安全技术问题

化工生产过程往往是在高温高压下进行的，而其产品、原料及中间物料也大多是易燃、易爆、易中毒的。因此，在化工企业中，安全生产已列为最重要的内容。安全生产中最重要的两项内容是仪器设备和操作维护人员的人身安全。仪表是与工艺生产操作紧紧地联系在一起的，而且仪表工在仪表维护工作中还会随时碰到电源、高空作业、焊接等方面的安全技术问题，必须对此高度重视。现从仪表运行中一般维护和冬、夏季的特殊维护两个方面进行介绍。

1. 仪表运行中一般维护的安全问题

仪表工在对运行中仪表维护的过程中，要充分了解本厂、本工段维修区内的工艺流程，介质的种类、性质、安全措施、操作规程等，严格遵守厂内一切保安防火规程，并且有事故急救的基本训练。运行中仪表及系统的安全技术问题，除有一般的共同要求外，还必须严格执行本厂实际的具体规定。现对一些共同要求介绍如下。

① 仪表用的导管、阀门、受压容器等，一定要经耐压实验，合格后填写记录方可使用，在仪表运行中，如发现有渗漏现象，应及时处理，以免事故扩大。

② 在现场维修时，要事先了解环境状况、介质（物料）的性质，必要时要戴好防护用具，在工艺人员监督下进行维修，严禁个人单独在现场工作。

③ 检修各种导管或容器时，应事先放空物料，置换清洗后方可进行。在管道试压时，应采用对物料无化学反应、不会发生爆炸的物质。在检修仪表时，应事先与工艺设备脱离关系。

④ 对于精密仪表未经有关负责人同意不许拆卸、更动其零、配件，或改变它的工作条件和设置。严格遵守专责制度，非自己职责范围内的设备不允许乱动，更不要因好奇而去动自己所不熟悉的仪表设备。

⑤ 现场运行的仪表必须有校验合格记录单。

2. 冬季及夏季的维护安全工作

冬季为了防止一次仪表冻坏，要在仪表维护中做好以下各项工作。

（1）除对仪表进行一般性检查外，还应对现场一次表的保温状况进行检查。

（2）室外气温降到 4℃时应开保温装置，并检查保温装置是否好用。如保温蒸汽出口是否冒汽，要保证加热蒸汽畅通，防止冻结。

（3）随时准备好吹保温设备的蒸汽及保温材料。

（4）当停车或停汽时，要采取下列措施。

① 保温适当关小。

② 最好拆除一次表，防止仪表冻坏。

③ 将引压管线中的冷凝液排放掉。

④ 关闭控制阀前后阀门，打开阀底座上的堵头，排掉水或物料。

（5）当运行中的仪表发生冻结现象时，应进行如下处理。

① 若现场一次仪表冻结时，应设法给它加温，或换掉冻结仪表，装上备用品，先保证生产正常运行。

② 当发现加热管或导管受冻，应立即用蒸汽进行加热吹化，最好先关掉仪表再进行吹化。此项工作应连续进行，直至吹通为止。

③ 如发现仪表受冻，值班人员应及时填写事故报告，并通知有关部门。

夏季是高温季节，对电子仪表的维护，要特别注意以下几点特殊的要求。

① 经常检查各种电源变压器、电动机等高速运转部件的发热状况，确保其温升不超过该设备技术说明书上规定的数据。控制室内温度应装空调，当温升超过规定值时，需要停表冷却。

② 电子仪表运转可动部件，应按规定及时加注润滑油。

③ 经常检查导管或隔离罐内液体的挥发状况，必要时可采取适当措施确保仪表正常运行。

四、仪表维护标准

1. 仪表使用质量标准

总的要求是：反应灵敏、检测准确、控制平稳。

（1）检测系统的仪表反应必须灵敏，其灵敏度应不低于规定允许值。

（2）记录、指示误差及变差符合相应仪表的技术要求。

（3）仪表输出信号，上下无较大幅度的振荡。尤其是控制仪表的参数整定应良好，控制平稳，记录曲线的波动不超过工艺允许值。

（4）当改变控制参数指标时，控制器输出信号应按一定规律在输出范围内变化，做到无扰动操作。

（5）流量仪表应工作在全量程 1/3 以上，其他仪表应在全量程的 20%～80% 内使用。

2. 仪表（包括检测元件、引线和控制阀附件等）完好标准

（1）仪表整体整洁、漆层平整；零部件完整无缺，无严重损伤、锈蚀。

（2）记录，打印清晰连贯。

（3）刻度清晰、鲜明、字体规整，无脱落和掉漆现象。

（4）安装正确、导线排列整齐、管线横平竖直、转弯圆滑、固定牢固、无渗漏、信号引线无干扰。

（5）对本安防爆设计的系统，更改后新的系统也必须符合原来的本安防爆标准。

（6）报警、联锁系统应准确无误、动作可靠。

（7）技术资料完整，原始记录齐全、记载清楚。

系统资料应包括：说明书、设备卡片、检查记录、校验记录、仪表控制流程图，重要的接线图、仪表（包括节流装置和控制阀的计算）的设计、安装、维护标准和检修资料。

第二节 检测仪表与控制仪表日常维护

一、巡回检查

仪表工根据自己所管辖仪表维护保养责任区内的仪表分布情况，选定最佳巡回检查路线，每天至少巡回检查一次，并向当班工艺人员了解仪表运行情况。

（1）查看现场一次仪表（变送器）的指示和控制室显示仪表、控制仪表指示值是否一致。

（2）查看仪表电源、气源（0.14MPa）是否达到额定值。

(3) 检查仪表保温、伴热状况。

(4) 检查仪表本体和连接件的损坏腐蚀情况。

(5) 检查仪表和工艺接口的泄漏情况。

(6) 查看仪表完好状况，可参照原化学工业部颁发的《设备维护检修规程》进行检查。举例如下。

根据 HG 25358—91《电磁流量计维护检修规程》，电磁流量计完好条件如下。

(1) 零部件完整，符合技术要求。

① 铭牌应清晰无误。

② 零部件应完好齐全并规格化。

③ 紧固件不得松动。

④ 插接件应接触良好。

⑤ 端子接线应牢靠。

⑥ 可调件应处于可调位置。

⑦ 密封件应无泄漏。

⑧ 所配防护、保温实施应完好无损。

(2) 运行正常，符合使用要求。

① 运行时，仪表应达到规定的性能指标。

② 正常工况下，仪表示值应在全量程的 1/3 以上。

(3) 设备及环境整齐、清洁，应符合工作要求。

① 整机应清洁、无锈蚀，漆层应平整、光亮、无脱落。

② 刻度应清晰，字体应规整。

③ 仪表线路敷设整齐。

④ 线路标号应齐全、清晰、准确。

(4) 技术资料齐全、准确、符合管理要求。

① 说明书、合格证、入厂检定证应齐全。

② 运行记录、故障处理记录、检修记录、校准记录、零部件更换记录应准确无误。

③ 系统原理图和接线图应完整、准确。

④ 仪表常数及其更改记录应齐全、准确。

电磁流量日常维护要求如下。

(1) 巡回检查 每班至少进行两次巡回检查。

① 向当班工艺人员了解仪表运行情况。

② 查看仪表指示是否正常。

③ 查看仪表供电是否平常。

④ 查看表体（连接管路、线路）是否有泄漏、损坏、腐蚀。

⑤ 发现问题应及时处理，并做好巡回检查记录。

(2) 定期维护

① 每班做好运行情况的检查记录。

② 每周进行一次仪表清洁工作。

③ 每月进行一次仪表运行情况的阻尼检查。

④ 每 3 个月进行一次仪表零位校准。

⑤ 每 6 个月进行一次传感器电极清洗。

二、定期润滑

定期润滑也是仪表工日常维护的一项内容，可根据具体情况按周期性进行，一个月或一个季度均可。

需要定期润滑的仪表和部件如下。

（1）自动平衡式记录仪的传动机构、平衡机构。

（2）气动仪表的运转、切换滑块等机构，气动长行程执行机构的传动部件，气动凸轮挠曲阀转动部件，气动切断球阀、蝶阀转动部件。

（3）椭圆齿轮流量计现场指示部分齿轮传动部件，以及与流量计配套的累积器的机械计数器。

（4）控制阀椭圆形压盖上毡垫。

（5）保护箱及保温箱的门轴。

此外，固定环室的双头螺栓、外露的丝扣以及其他恶劣环境下的固定仪表、控制阀等使用的螺栓、丝扣、外露部分应涂上黑铅油（石墨粉加黄油）。

三、定期排污

定期排污包括排污和定期吹洗。

1. 排污

差压变送器、压力变送器、浮筒液位计等仪表，当检测介质中含有的粉粒、油垢、微小颗粒等在导压管内沉积（或在取压阀内沉积）后，会直接或间接影响检测质量。排污周期可由仪表工根据实践自行确定。

定期排污的注意事项如下。

① 排污前，必须和工艺人员联系，取得认可才能进行。

② 流量或压力控制系统排污前，应先将自动切换到手动，保证控制阀的开度不变。

③ 对于差压变送器，排污前应先将三阀组正负取压阀关闭。

④ 排污时应慢慢打开正负导压管排污阀，将物料和污物排入专用的容器，防止物料直接排入地沟，造成环境污染和浪费。

⑤ 由于阀门质量差，排污阀门开关几次以后，易出现关不死的现象，应急措施是加盲板，保证排污阀处不泄漏，以免影响检测精确度。

⑥ 开启三阀组正负取压阀，拧松差压变送器本体上的排污（排气）螺丝进行排污，排污完成后拧紧螺丝。

⑦ 观察现场指示仪表，直至输出正常。若是控制系统，应将手动切换成自动。

2. 吹洗

当对腐蚀性、黏稠性、结晶性、熔融性、沉淀性介质进行检测，用隔离方式不能满足要求时，应吹洗。

所谓吹洗是利用吹气或冲液使被测介质与仪表部件检测管线不直接接触，以保护检测仪表并实施检测的一种方法。其中吹气是通过检测管线向检测对象连续定量地吹入气体。而冲液是通过检测管线向检测对象连续定量地冲入液体。

典型吹洗方式如图 7-2 所示。

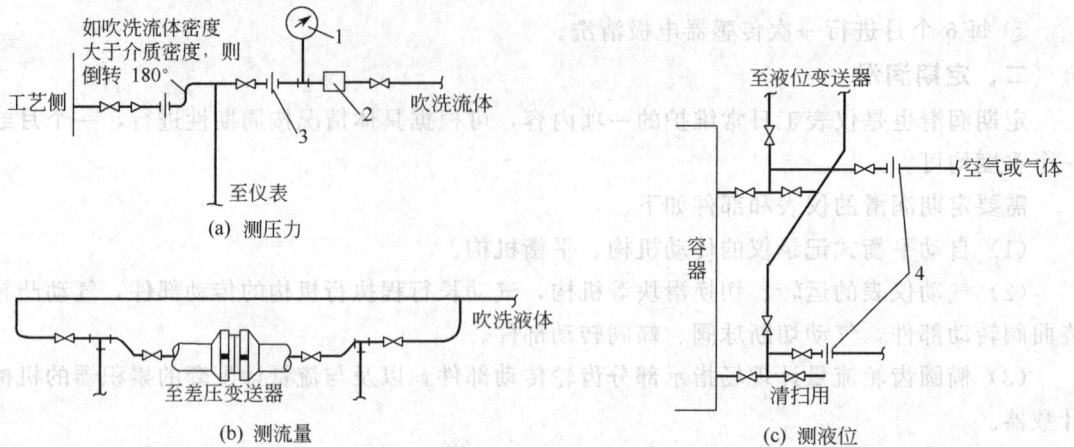

(a) 测压力

(b) 测流量

(c) 测液位

图 7-2 仪表吹洗

1—压力表；2—过滤器；3—限流孔板；4—限流孔板或钻孔闸阀

吹洗应注意的事项如下。

(1) 吹气气体或冲液液体必须是被测工艺对象所允许的流动介质，它通常应满足下列要求。

① 与被测工艺介质不发生化学反应。

② 清洁，不含固体颗粒，无腐蚀性且流动性好。

③ 通过节流减压后不发生相变。

(2) 吹洗液体供应源充足可靠，不受工艺操作影响。

(3) 吹洗流体的压力应高于检测点在工艺生产中可能达到的最高压力，保证吹洗流体按设计要求的流量连续稳定地吹洗。

(4) 用限流孔板或可调阻力的转子流量计等检测和控制吹洗液体或气体的流量。

(5) 吹洗流体入口点尽可能靠近仪表取源部件（或靠近检测点），从而使吹洗流体在检测管线中产生的压力降保持在最小值。

(6) 为了尽可能减小检测误差，要求吹洗流体的流量必须恒定，其数值由吹洗流体的种类、被测介质的特性以及检测要求来决定。下列几种检测的吹洗流体数值以供参考。

① 流化床：吹气（空气或其他气体）时，一般为 $0.85\sim3.4Nm^3/h$。

② 低压液位检测吹气（空气或其他气体）时，一般为 $0.03\sim0.45Nm^3/h$。

③ 一般流量检测吹气时，一般为 $0.03\sim0.14Nm^3/h$；冲液时，一般为 $0.014\sim0.036Nm^3/h$。

四、保温伴热

检查仪表的保温伴热是仪表工日常维护不可忽视的重要工作。

冬天，仪表工巡回检查时，注意观察仪表的保温状况，如检查安装在工艺设备与管线上仪表（椭圆齿轮流量计、电磁流量计、涡街流量计、涡轮流量计、质量流量计、法兰式差压变送器、浮筒液位计和控制阀等）的保温状况，注意保温材料是否脱落，是否被雨水打湿造成保温材料不起作用。个别需要保温伴热的仪表，要检查伴热情况，发现问题及时处理。

检查差压变送器和压力变送器导压管线及其保温箱的保温情况。有电伴热的应检查电源电压；有蒸汽伴热的，仪表工可根据气温变化适当控制伴热蒸汽流量。蒸汽流量大小可通过观察伴热蒸汽管疏水器的排汽状况决定，疏水器连续排汽时，说明蒸汽流量过大，很长时间不排汽说明蒸汽流量太小。蒸汽流量控制裕度是很大的，因为蒸汽伴热是为了保证导压管内物料不冻。伴热蒸汽量不是越大越好，天气暖和，伴热蒸汽量过大，不仅会造成能源浪费、增加消耗，有时还会造成检测故障。若沸点比较低的物料保温伴热过大，会出现汽化现象，导压管内出现汽液两相，引起输出振荡，所以根据天气变化及时调整伴热蒸汽量是十分必要的。

五、开停车注意事项

短时间、小范围的停车对仪表影响不大，工艺人员根据仪表进行停车或开车操作，需要仪表工配合的工作不多，仪表自身需要处理的工作也不多。现就全厂范围内大检修时，停车和开车的注意事项介绍如下，新建项目投产开车已在过程仪表的安装中介绍过了。

1. 仪表停车

（1）与工艺人员密切配合，了解工艺停车时间和化工设备的检修计划。

（2）根据化工设备检修进度，拆除相关的仪表或检测元件，避免在检修化工设备时损坏仪表。

（3）根据仪表检修计划，按要求及时拆卸一次仪表。

① 拆卸储槽上法兰式差压变送器时，要确认槽内物料已空才可进行。若物料倒空有困难，要确保液面在仪表法兰口以下，拆卸仪表后，及时装上盲板。

② 拆卸热电偶、热电阻、电动变送器等仪表时，电源电缆和信号电缆接头分别用绝缘胶布、粘胶带包好，妥善放置。

③ 拆卸压力表、压力变送器时，取压口可能出现堵塞现象，造成局部憋压，致使物料（液和气）喷射出来伤害仪表工。正确的操作是先松动安装螺栓，排气、排残液，待气液排完后再卸下仪表。

（4）拆卸气动仪表、电气阀门定位器等，要关闭气源，并松开过滤器减压阀接头。

（5）拆卸环室孔板时，注意孔板方向，注意防止工艺管道一端下沉，给安装孔板环室带来困难。

（6）拆卸的仪表其位号要放在明显处，安装时对号入座，防止安装混淆，造成仪表故障。

（7）带有联锁的仪表，切换开关置手动后再拆卸。

2. 仪表开车

（1）要与工艺检修密切配合。根据工艺设备、管道试压查漏的要求，及时安装仪表，不要因仪表影响工艺开车进度。

（2）安装时一定要注意仪表位号，对号入座。否则因仪表不对号安装，出现故障很难发现。

（3）仪表供电。在线仪表和控制室内仪表安装接线完毕后，一定要检查确认无误后，分别开启电源箱自动开关，检查电源输出电压值，开启每一台仪表电源开关，对仪表进行供电。

（4）气源排污。气源管道一般采用碳钢管，使用一段时间后会出现锈蚀现象，由于开停车的影响，锈蚀会剥落。空气处理装置中用于干燥的硅胶时间长了也会出现粉末，而被带入气源管内。在仪表开车前必须进行排污，清除杂质。

排污的顺序是，首先对气源总管进行排污，再对气源分管进行排污，然后对仪表前配置的过滤器减压阀进行排污。控制室内若有气动仪表配置的气源管线也要在排污后再供气，以防止恒节流孔堵塞而导致仪表出现故障。

（5）孔板等节流装置按要求安装完毕后，要及时打开取压阀，以防开车时没有取压信号。取压阀开度控制建议手轮全开后再返回半圈。

（6）控制阀安装时若物料比较脏，可打开前后截止阀冲洗后再安装，前后截止阀开度应全开后再返回半圈。

（7）用单法兰差压变送器检测密闭容器液位时，需要进行迁移的，开车前，要按迁移量在负压连通管内加液。加液一般与被测介质（即容器内物料）相同。

（8）使用隔离液的差压变送器、压力变送器，在开车前要注意在导压管内加满隔离液。

（9）气动仪表信号管线上的各个接头在开车前，要先进行查漏，防止气信号泄漏，造成检测误差。

（10）用差压变送器检测蒸汽流量时，先关闭三阀组正负取压阀门，打开平衡阀，检查零位，待导压管内蒸汽全部冷凝成水后再开表。防止蒸汽未冷凝时开表出现振荡现象，损坏仪表。若环室取压阀后装有隔离罐，在开表前注意通过隔离罐往导管内充冷水，这样在检测蒸汽流量时就可以立即开表，不会引起振荡。

（11）用热电偶测量温度时，开车前注意检查补偿导线正负极性，不能接反。用热电阻测温的要检查 U、V、W 三线不能混淆。

（12）仪表开车前应进行联机校准和调整，即检查现场一次仪表（变送器、检测元件等）和控制室二次仪表（盘装、架装、计算机接口等）指示是否一致，或者一次仪表输出值和控制室内架装仪表（配电器、安保器、DCS 输入接口）的输出值是否一致。检查控制器、DCS 及手操器等输出信号和控制阀阀位指示是否一致（或与电气阀门定位器输入一致）。

（13）有联锁的仪表，当仪表运行及工艺操作均正常后再切换到自动（联锁）位置。

（14）金属管转子流量计开车时，应先开旁路阀，过一段时间后开启转子流量计进口阀，然后缓慢打开出口阀，最后关闭旁路阀。避免转子流量计被工艺管道内杂物卡堵发生故障。

第三节　仪表检修工作的基础知识

仪表工在维护过程中，必然会遇到仪表发生各种各样的故障的情况，所以要求仪表工必须具备对仪表进行检修的能力，即对出现的故障能进行正确的分析，能修理的及时修理，无法修理的可对故障进行准确判断以便及时处理。

仪表检修工作不仅包括对具体故障的检查和排除，还包括检修资料整理、归档、及时确切的记录等。例如，一台仪表从进厂开始，就要建立相应的档案记录，可具体分为：仪表台账，仪表的周期检定计划，维修、校验记录等。一台资料保存完整的仪表，在检修时会方便容易很多。对于一些常见故障，每次处理后均要建立好"病历卡"，将故障发生的时间、地点、现象、分析及处理等详细记录下来，再次检修时可根据过去的记录直接切入关键，而不至于走弯路，耗费时间。现将仪表检修工作的基础知识分别介绍如下。

一、仪表台账

仪表台账是全厂每台仪表的明细表，为方便查找，将全厂所有仪表按工段、设备、被测种类等进行归类，详细记录每台仪表的工位号、名称、量程、出厂日期、编号、生产厂家、检修周期及仪表等级等资料。以便对全厂仪表进行统一管理，做到所有的仪表均备案可查。

二、仪表的周期检定计划

仪表的周期检定计划是根据仪表所处位置的重要性，仪表的性能、工作条件、环境、精度等级以及生产厂家的建议来制定的。制定合理的周期检定计划，可使仪表的检修工作有条理地、全面地进行。检定计划中应注明待检修仪表的工位号、名称、型号、量程、出厂编号、生产厂家以及上一次的检修日期。制定合理的周期检定计划可及时发现巡检时未发现的问题，排除一些可能造成不良后果的因素，从而防患于未然，提高仪表及系统运行的可靠性。

仪表检修要做到每检必有记录。没有故障的也要填写校验单，详细记录每次检修的主要内容、零部件损坏原因、更换的备品型号、代用器、部件型号以及调整校准数据等，然后分类存档。详尽的检修记录，对其他不熟悉该仪表情况的维护人员也是一份宝贵的资料，通过查阅这些资料，可以提高检修人员的检修效率和检修质量。

根据周期检定计划具体检修仪表时，还要制定相应的检修方案，即检修计划。内容包括对该仪表进行大修、中修还是小修，检修哪些部位或零件，需要使用什么样的标准仪器、相应的材料及确定检修责任人等。仪表的检修程度是由损坏程度或工作条件所决定的，通常分为三种情况。

1. 小修

小修一般由维修人员在现场进行，排除不需拆卸仪表就可排除的小故障，如在线校验其精度、零件的清洗、机械传动部件的上油、仪表标准件的更换及仪表的单体校准调整或系统联调等。这要求仪表工平时在巡检过程中，认真听取工艺操作工的反映，认真做好巡检记录。只有这样，才能利用小修的机会把存在的问题一次排除。

2. 中修

中修除包括小修的内容外，还必须消除仪表中较严重的问题。中修可以在现场进行，也可以将仪表拆回仪表车间进行。一般是利用设备需停运几天的时间（因时间有限），检修故障较严重、作用比较重要且在线运行时不便停表处理的仪表，如果时间来不及，可将一些故障小的仪表安排在平时小修中。

3. 大修

大型化工设备都需要定期停车检修，检修时间一般为 1 个月左右。仪表的大修工作一般都在这个特定的时间内进行。仪表工可充分利用这段时间，将仪表进行彻底地维护、修理和校准调整，以恢复仪表性能。

仪表的检修方案（检修计划）应根据其周期检定计划、运行时的故障程度以及全厂工艺设备的检修计划而定。仪表的检修进度应与相应设备的检修进度相符合，否则，会出现互相牵制的现象。若仪表大修未完成，即使工艺设备检修已完成，也不能按时开车。同样，工艺设备的停运都有规定的时间，设备未停运，仪表的大修就不能进行；或工艺设备检修进行顺利，可以提前开车，但仪表的检修无法符合要求等。为避免上述情况的发生，仪表大修除了在全厂大修领导小组统一安排下进行外，还必须分出轻重缓急，先检修较重要的位号或故障较大难处理的仪表，确保与工艺设备的检修同时进行，并能满足工艺提前开车的可行性，剩下的任务可适当地安排在中修或小修中进行。

在检修过程中，要及时整理出检修资料，如校验单、"病历卡"，有条件的可以专人负责，每个检修小组专门指定一名填写、记录人员，及时、准确地记下检修过程和结果，并存档。

计划检修比事故检修具有更大的优越性，检修工作是有准备、有计划、有步骤地进行的，且资料齐全，不至于因临时事故弄得手忙脚乱，影响工艺生产正常进行。事实证明，计划检修搞得好，事故性检修的机会就少得多。

三、仪表检修程序

1. 仪表检修方法

仪表的检修是一项细致、复杂，技术性和实践性强的工作。同一台表，不同的人常有不同的检修思路和方法，即便是同一个人，在不同时期处理故障的方法也可能不一样。一些长期从事仪表检修工作的人员，经过多年的经验积累，发现了一些检修的普遍规律，获得了一些比较实用的检修方法，现分别介绍如下。

（1）逐级检查法　逐级检查法是根据仪表原理图查阅相应元件的参数，通过严密的测试来逐步地缩小故障区域，最终查出故障元件、器件的方法。其优点是诊断测试清晰，对实际问题的解决办法是"步步逼近"，适用于由较多部件组成的仪表的故障判断。此方法要求检修人员必须对仪表有相当准确和全面的了解，当一个仪表检修者初次遇到或资料不详的仪表，或者检修人员检修能力较低时，这种方法便不适用。

（2）尝试法　尝试法是根据仪表的故障现象，参考已有的检修记录、"病历卡"或产品说明书，可先假设可能发生故障的部位，并逐一进行排除。如某台仪表的故障可能不只一处或有几种可能性，也可逐项检查，逐一排除，直到明确了故障所在处为止。这种方法不要求检修者有较高的理论水平和丰富的电路检修经验。经验丰富的检修者，记录资料齐全、假设故障较小的仪表，采用此法比较适用。这种方法的局限性为，当假设的故障较多时，往往要耗费较多的时间。若所有的假设均排除仍未确定故障所在时，需要做进一步的尝试，延长检修时间会影响仪表的使用。

（3）直观检查法　直观检查法是直接接触仪表而简单、快速获取的信息的一种方法。具体做法是，仔细查看仪表外观、曲线形状、焊点开裂、接线脱落、元件烧焦等现象；有无较明显的泄漏、小电机转动声及各种异常噪声等；在确保安全的前提下，检查元件安装是否牢靠、接插件是否可靠、是否有异常发热等；有无烧焦气味等。一个经验丰富的检修者，往往能根据直观法来获取仪表故障的信息。

对于一些重要的物理量，如电压、电阻、电流等的数值，仍需用相应的仪器来测试判断。对初学者而言，直观法是比较简单易行而的方法。通过详尽的直观检查，虽然能发现一些异常，要确定故障部位还要通电进一步检查。所以，直观法不仅是一种检修方法，而且是每种检修方法应用之前必须进行的步骤。

例如，有些仪表中的一些元器件碰在一起，可能就是这个原因造成了仪表的故障，妥善处理即可。若还有其他故障，此问题不处理而贸然通电检查各部分工作点，可能会有多处不正常，反而使问题复杂化，增加了判断故障部位的难度。再如，仪表本身存在的短路和断路，贸然通电就会烧坏其他元器件，造成新的故障。

从现场取回的仪器、仪表，表内外往往积有灰尘、油污、潮湿及带有腐蚀性的酸碱物质。由此造成的似通非通、虚焊假接现象会使检修复杂化。例如，某控制器输出总是达不到 20mA，只能达到 18mA 左右，检查反馈通道各点电压均不正常，直观检查发现微分波段开关比较脏，用酒精棉擦拭后，故障消除。有时若不进行外观检查、清洗处理就通电，会发现故障现象复杂，盲目地怀疑元器件，并把多个元器件反复焊上拆下，容易造成永久性的虚焊。

（4）仪器测试法　仪器测试法是指用万用表、信号发生器、示波器、兆欧表、特征信号测试仪、逻辑分析仪等仪器来获取故障信息。其优点是准确可靠性、重复性、客观性强。能获取直观检查无法获得或不能精确获得的重要物理量，如电流、电压、电阻、波形等对判定故障往往具有决定性的作用。使用该方法要求检修者必须能熟练运用各种仪器和测试设备，每一种仪器所能检测到的信息较少，检修一台仪表往往需要几种测试仪器。另外，由于仪器工作条件有严格要求，或不易搬运等，也限制了仪器测试法在现场的普遍使用。

（5）关键点测试法　这种方法常用于检修由若干功能部件组成、且各功能部件又由一系列关键点所组成的仪表。关键点能充分反映点与点之间部件的整体功能。通过关键点的测试，确定存在故障的功能部件，再重点检修这些功能部件。其优点是结构明确，层次清楚。检修者要有相应的测试各功能部件关键点的仪器，并掌握测试仪器的使用方法，有时这些操作较复杂，不适合初学者采用。

（6）替代法　若仪表是由一些部件装配而成的，这些部件又是容易拆换或是可拆换的，则可用替代法进行维修，即用一个好的部件去替代一个有疑问的部件，以观察整机是否正常。若正常，可判断原怀疑部件有故障，若仍不正常，再替换其他有疑问的部件继续实验。该方法的特点是更换部件容易，判断故障迅速、准确，原则上不需使用测试仪器，对操作者要求也不高，更换后仪表即可进入使用状态，不需要进行部件级测试。在拥有充分完好部件的条件下，采用这种方法非常方便。对于初学者，是行之有效的方法之一。

若检修者没有一定数量的完好部件，或仪器的组成部件不具备易拆换性时，就限制了这种方法的使用。

综上所述，仪表的检修方法各有优点和局限性。有些故障是采用上述方法就能顺利解决的，有些是综合几种方法才能解决的。检修者在进行检修工作时，可优先考虑用直观法获取有关故障的信息，及时对这些现象进行分析，为下一步的观察和测试提供依据。当直观检查不能确定故障时，可进一步考虑能否用替代法，若仪表组成部件不能拆换或条件不具备时，则需用仪器测试法来检修。

2. 仪表检修的一般步骤

首先要全面了解故障现象、出现故障时的生产运行状况和环境条件。然后按下面介绍的步骤进行检修。

（1）识别故障现象　依据仪表的各项技术指标及正常运行时的状况，通过对故障仪表进行校准和调整，用比较法发现故障现象，识别（或确认）故障属于真故障还是假故障。

① 假故障的识别 当仪表出现不正常时，要首先确定是该表本身的故障，还是系统中其他环节的影响或人为地误操作所引起的。若通过检查不是仪表本身的问题，该故障即为假故障。

执行器灵敏度太高、输出振荡、线性不好等会使检测表和控制器等仪表出现不正常。控制器的参数选择不当、正、反作用开关位置放置不当，也会造成假故障。正确识别假故障，要求检修者对仪表结构、性能非常熟悉，操作相当熟练。

要正确识别假故障，提高检修效率，检修者要注意以下几个方面。

• 要掌握各种仪表的工作原理、线路结构特点。建立控制系统的概念，熟悉该表所在系统的组成、控制原理及相关系统之间的联系。考虑到不少故障是由于工艺生产条件的变化和异常而导致的，检修者还应大致了解工艺对象特性及工艺生产反应机理等。所以，仪表工经常去操作现场，细心观察，熟悉情况，及时记录、总结，对于识别假故障非常重要。

• 若系统内多台仪表同时出现故障时，应先查出故障根源，再修理仪表。

• 严格按照操作规程操作，防止因误操作而造成新的故障。

• 坚持巡检、定期排污、调整零位等维护操作，随时观察、记录故障现象，以便积累经验，总结规律，提高识别故障的能力。

② 隐患的识别，正确识别隐患应注意以下几个方面。

• 将被检修仪表长时间通电运行，可以使故障隐患暴露。

• 仪表接入系统以前最好检测一下其恒流性能、电源电压波动影响、输出值稳定性等指标，若超出基本误差，则元器件可能有软特性故障。

• 检查检修工作所造成的隐患，如接触不好、虚焊等。例如温度变送器，拍打拍打没问题，水平旋转正常，一旦侧面放则输出变小，用手按印刷线路板输出则不正常。原因是检修时焊点留头过长，与壳体或底板似碰非碰。有的螺丝钉松动或在里面滚来滚去，极易造成短路等故障。

检查运行中仪表隐患比检查离线仪表隐患困难一些，只能通过平时仔细观察记录，摸索规律。检查时以本系统安全、稳定为主，PID参数偏保守些，或配置在最佳状态。

③ 熟悉真故障的特征 要求检修人员平时注意积累经验，从故障现象中找出不同仪表的故障特征。

（2）分析故障原因，确定检修起点 确定故障现象后，下一步应分析故障可能出在何处，用本节所介绍的检修方法展开检修工作。

（3）确定故障级 通过对故障现象进行分析，就会对故障有大概的估计，通过检查测试进一步确定。对涉及范围较大的故障，应先进行全面的外观检查。如电动仪表先检查确定一级电路是否有故障，从该级的输入和输出入手，无论是交流电路还是直流电路，只要输入正常而输出不正常，则该级必定存在故障。

（4）确定故障元件 故障级确定后，若是电动仪表，就可以通过节点对该级内的元件进行检查。大多数元件，故障的实质不是开路就是短路，表现在该元件上的电压不是过高就是过低。因此，测量元件两端的电压值是行之有效的方法。

根据故障级电路原理图中所表明的每个元件的详细情况和彼此之间的联系，记下测量值，与正常值比较，就能清楚地确定已损坏的元件。若发现有一处电压偏离正常值太多，检修者需对整级电路再进行详细检查，并找出原因，彻底的排除故障。在对元件进行测试的过程中，逐个替换元件是不推荐的。

（5）排除故障与调整校准　故障原因查明后，拆下损坏元件，换上新元件，并对故障仪表进行重新调整和校准，再检查确定该表是否能正常工作，性能是否完全恢复，这是每次检修后必须进行的步骤。

如果重新校准和调整时，发现本级性能还未恢复，说明本级还有故障。这故障可能是原来就有的，也可能是检修时不小心新产生的，按检修方法，继续排除。

当重新校准和调整后，若发现仍有指标不满足要求或有明显改变，说明其他级还存在故障。检修者需要重新按以上步骤进行检查、寻找，确定并排除故障，直到整机性能全部合格。检修后的仪表最好通电运行一段时间，确定无异常后，检修工作才算结束。

思考与复习题

1. 结合实际谈谈你对化工企业中仪表维护工作的认识？
2. 列举某化工企业中两类仪表维护的规章制度？
3. 简述你实习过的某个企业仪表车间的组织形式和一个维护班组的职能分别是什么？
4. 仪表维护工作有哪些特点？
5. 为什么在仪表维护工作中也要讲安全技术问题？
6. 仪表使用质量标准总的要求是什么？
7. 仪表的完好标准有哪些？
8. 仪表工在进行巡回检查时要做哪些工作？
9. 查阅原化学工业部颁发的《设备维护检修规程》，以某一种仪表为例谈一下仪表完好的条件？
10. 什么是吹洗？在什么条件下应用？
11. 如何判断伴热蒸汽流量过大还是过小？
12. 仪表停车时有哪些注意事项？
13. 什么是仪表台账？
14. 仪表的周期检定计划是根据什么制定的？
15. 仪表的大修、中修、小修有什么区别？
16. 仪表检修常用方法有哪些？其中哪种方法是检修者在检修工作中应优先考虑的？
17. 谈一谈仪表检修的一般步骤？

第八章　过程仪表的故障分析与处理

某台仪表出现故障后，仪表工在进行故障分析与处理时，首先要看该仪表是否在生产中独立安装使用。如果该表与其他仪表无任何联系，则按照上一章所讲的仪表的故障分析与处理进行排除。在实际生产中，由于单台仪表独立使用的情况很少，当某台仪表出现故障后，仪表工在进行帮故障分析与处理时，要从该表所在的系统全面分析。

第一节　压力检测系统的故障分析与处理

一、故障分析

首先了解该系统的组成及工艺生产状况，然后根据故障现象逐一分析排除，最后确定故障部位产生的原因并排除。下面结合一实例介绍故障分析的具体过程。

例如：某化工厂一个压力容器压力指示不正常，甚至不变化。

分析过程如下。

首先要对系统组成及工艺状况进行全面了解，如被测介质是液体、蒸汽还是气体，生产状况及流程如何。该压力指示系统的组成情况，显示部分是单块仪表还是计算机控制系统，信号传输部分、变送器的类型、与设备连接情况等。然后按下面步骤进行分析。

① 检查显示仪表输入（或输入接口）信号是否正常，若信号正常则故障在显示仪表，然后对该表进行故障排除。

② 若输入信号不正常，检查压力变送器的零位及引压管线，当确定问题出在变送器时，则应对该表重新校准和调整。

③ 当确定整个检测系统检查无故障后，说明可能是工艺因素引起的指示不正常，可与工艺人员商讨共同解决。

上面的分析思路如图 8-1 所示。

当然，对故障的处理，因人而异，也可以首先从现场变送器入手，观察其输出与显示仪表是否一致，若一致，则直接从变送器入手。若不一致，再去细查显示仪表并进行排除。

二、故障处理实例

【例 1】 一石化企业的裂解汽油压力指示回零。

1. 实际了解工艺过程、系统组成和具体故障现象

工艺生产正常，压力检测系统的测压导管保温关后不久，就出现压力指示回零。导致

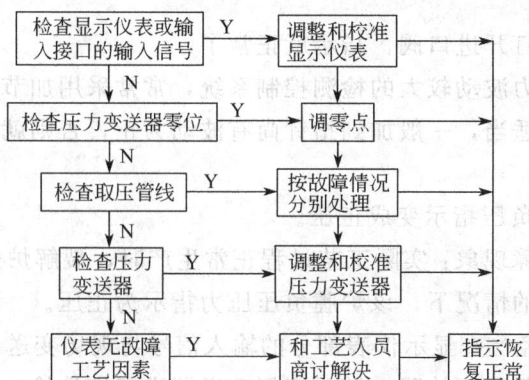

图 8-1　压力检测故障判断

控制阀关闭，裂解塔不出料，造成塔内液位太高的停车事故。控制系统如图 8-2 所示。

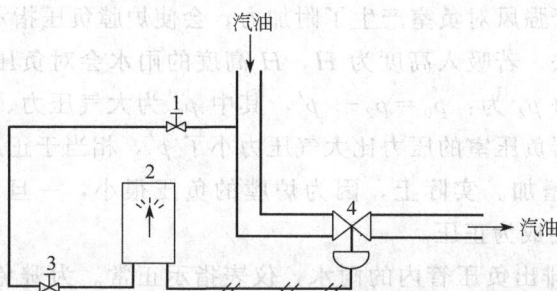

图 8-2　裂解汽油压力调节系统

1—取压阀；2—压力指示控制器；3—针形阀；4—控制阀

2. 分析与判断

经详细检查后得知，测压管线及保温伴热管一切完好。这台测压仪表因压力波动较大，过去早已采取了措施，即将进口阀关小，用针形阀控制阻力的大小，减小了仪表指示的波动。检修人员直观检查仪表完好，重新打开伴热蒸汽，压力指示慢慢增大，表明压力指示部分未损坏，仍可正常动作。关闭保温蒸汽，压力指示又会很快回零，说明导压管可能堵塞。转动进口阀时，发现阀门确实处于全关状态。试着慢慢打开阀门，查看指示表的状况，发现压力指示正常，即使关闭保温开关也不受影响。事实证明，故障已排除。但作为检修人员，不仅需要排除故障，更重要的是查明故障原因。

实际上，该压力指示部分的进口阀口径比较大，很难控制。当进口阀关小到指示波动不大时，阀门已处于全关位置，变成一个盲区。保温不关，介质全部处于汽化状态，则压力指示维持不变。而操作人员及巡检人员并没有注意到这个问题，事实上，所指示的压力并不是真实的压力值。当关保温后，就会出现仪表指示为零，控制阀全关的现象。因为保温蒸汽关闭后，导压管冷却了，导压管内原来全部汽化的介质冷凝成液体，体积减小，压力骤降，几乎为零。如取压阀门没有关死，介质冷凝成液体，体积减小，压力减小，塔内的介质将去补充，压力指示不变。如今阀门关死变成一个盲区，保温不关，介质处于全部汽化状态，则压力指示维持不变。现在进口阀关闭而且保温也关了，仪表压力指示就回零了。仪表信号为零，通过控制器作用，控制阀全关，塔液位迅速上升，造成停车事故。

3. 故障处理

处理方法很简单，打开进口阀，指示就正常了。

应当注意，对于压力波动较大的检测控制系统，常常采用加节流阻力的方法来减小检测波动，切记加阻力要适当，一般加到指针尚有波动为止，否则就会出现上述故障，造成严重后果。

【例 2】裂解炉炉膛负压指示变成正压。

(1) 工艺过程和故障现象：实际工艺过程正常生产时，裂解炉炉膛指示为负压。一次风雨过后，在生产正常的情况下，该炉膛负压压力指示为正压。

(2) 分析与判断：经检查显示仪表部分的输入信号与现场变送器的输出一致，可以确定显示仪表与信号传送部分无故障。针对现场变送器进行细致检查发现，该压力是用一台差压变送器来测量的。差压变送器的负压室直接通大气。负压室的通风口向下，仔细观察发现负压管线内有雨水。因被测炉膛的负压很小（$-80Pa$），从而造成了指示偏高。

风雨天气时，由于强风对负室产生了附加力，会使炉膛负压指示波动，顺负压管外面下流的雨水被虹吸上去。若吸入高度为 H，H 高度的雨水会对负压室产生一个附加压力 p'，此时负压室的压力 p_2 为：$p_0 = p_2 + p'$，其中 p_0 为大气压力、$p' = H\rho$，ρ 为雨水的密度。显然差压变送器负压室的压力比大气压力小了 p'，相当于正压室增加了 p' 的压力，造成了变送器的输出增加。实际上，因为炉膛的负压很小，一旦吸入雨水的高度 $H > 8mm$，仪表的指示就会成为正压。

(3) 故障处理：排出负压管内的雨水，仪表指示正常。为避免故障再次发生，可将负压管线的出口移到避风处，或在负压管出口端安装一个喇叭口，虹吸现象不再发生即可。

第二节　流量检测系统的故障分析与处理

一、故障分析

通过一实例来介绍分析思路，如一流量自动检测系统，发现指示不正常（偏高或偏低）。首先了解工艺生产和系统组成情况，如被测介质情况、机泵类型工艺流程等。假设该检测系统是由节流装置、一台电动差压变器和一台显示仪表组成的。然后按如下步骤进行分析。

(1) 检查显示仪表的输入信号，若输入信号正常，则故障在显示仪表，需对显示仪表重新进行校验。

(2) 若输入信号不正常，检查变送器的输出信号，按三阀组的操作要求，打开平衡阀，检查其零点。若零点不准，重新校准即可。

(3) 若变送器零位校准后，故障现象依然存在，需进一步检查三阀组是否存在内漏等故障，以及相应的引压管线是否有堵塞、隔离液是否被冲走等。

(4) 若三阀组及相应引压管线完好，需对差压变送器进行重新校准调整。

(5) 若系统全部完好，而故障依然存在。应与工艺人员共同分析生产中可能存在的其他问题。如实际流量可能偏离设计工况、液体输送系统中阻力不平衡、被测介质发生变化、管道内有堵塞等。

上面分析过程用方框图 8-3 表示如下。

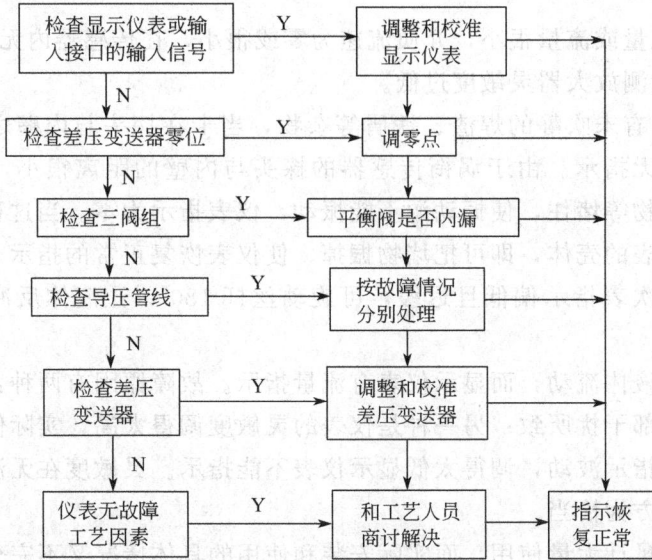

图 8-3 流量检测故障判断

二、故障处理实例

【例3】某加热蒸汽流量检测系统的故障现象为流量指示偏低。

通过对实际情况的了解得知,工艺操作正常稳定。该流量测量系统是由节流装置(孔板)、差压变送器和显示仪表组成的,导压管上配有冷凝液罐,如图 8-4 所示。故障现象为,流量指示不断偏低。

(1)分析与判断 测试显示仪表的输入信号发现信号不断降低,可以初步确定显示仪表正常。故障可能出在差压变送器、取压系统或信号传输上。

先检查差压变送器的零位是否偏低、漂移。发现差变的平衡阀无法关死,有微量泄漏。更换平衡阀,流量指示恢复正常。

(2)原因 由于平衡阀泄漏,高压信号的压力通过平衡阀传递到低压侧,使负压室内的压力增加,压差减小,造成了指示不断降低。

当泄漏量很大时,正负压室的压力相等,输出信号会减小到零。也可能会将冷凝液冲走,蒸汽冷凝的速度慢,不能及时补充液体,也会出现流量指示慢慢降低。

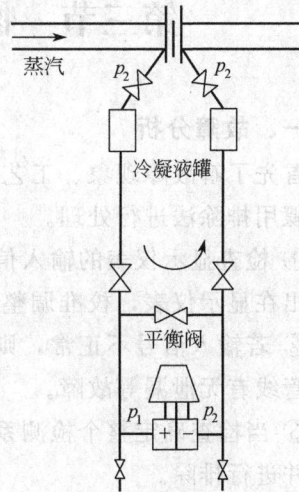

图 8-4 蒸汽流量测量

【例4】涡街流量计的常见故障与处理。

(1)被测流量较大时,指示基本正常。当流量较小时,指示不准。

实际检查发现工艺生产与检测系统均正常,这种情况一般是造型方面的问题。为了提高测量精度,涡街流量计选型应选择尽可能小的口径。当规格的选择偏大时,就会造成指示不准，指示波动大无法读数。大流量时指示基本正常，小流量时指示不准的现象。

（2）新安装或检修好的涡衔流量计，在开表过程中有时显示仪表无指示。可能存在的原因有以下种。

①管道内无流量或流量很小，介质流速为零或很小，在传感器内无旋涡产生。

②传感器的检测放大器灵敏度过低。

③管道内遗留有未吹静的焊渣、铁屑等杂物，当卡在探头与内壁之间时，导致探头无法振动，一次表无指示。由于涡衔传感器的探头与内壁的距离很小，在实际使用过程中，极易被砂粒污物等堵住，使振动源不能振动，仪表指示为零。当这种故障出现时，用外力敲击几下一次表的壳体，即可把堵物振掉，使仪表恢复正常的指示。当堵物未将探头卡死时，会导致二次表指示偏低且迟缓，可旋动丝杆 180°，让流体反冲一下振动源，即可解决问题。

（3）管道内无液体流动，而显示仪表有流量指示。故障原因有两种：一种是仪表本身的接地不良引入外部干扰所致；另一种是仪表的灵敏度调得太高，实际使用时，灵敏度调得太高会引起流量指示波动，调得太低显示仪表不能指示。灵敏度在无流量和无外界干扰时，显示仪表指零方为恰当。

生产中涡衔流量计大量使用，而实际安装和使用的具体情况又不完全一致，因而出现故障的原因是多种多样的。使用中发现，当涡衔流量计发生故障时，往往是一上电，仪表就指示在某一刻度，不管如何调整灵敏度电位器，仪表的指示也不发生变化。这种情况一般是内部元件的损坏所致。

第三节　物位检测系统的故障分析与处理

一、故障分析

首先了解故障现象、工艺情况和测量系统的组成。然后根据检测系统的组成，按下面的步骤用排除法进行处理。

①检查显示仪表的输入信号，是 DCS 控制的，检查接口输入信号。若信号正常，则故障出在显示仪表，校准调整维修仪表即可。

②若输入信号不正常，则检查测量变送器（如检查零位、排污）、传输管线（线路）、引压管线有无泄漏等故障。

③当检查确定整个检测系统一切正常时，可以和工艺人员一起分析是否工艺上有问题，并进行排除。

以电动浮筒液位变送器为例，做如下说明。

首先了解工艺状况和检测系统的组成情况，如工艺介质，被测对象是精馏塔、反应釜、储罐还是反应器。然后按图 8-5 的步骤进行分析。

二、故障处理实例

【例5】有一铜洗塔液位变送器输出信号不变化。

经了解得知，工艺操作正常，该液位变送器与控制器组成一液位控制系统。故障现象是，当工艺工况变化时，常出现变送器输出信号不变化，导致控制失调。

检查显示仪表或输入接口的输入信号 —Y→ 调整和校准显示仪表

↓N

检查浮筒液位计零位，关闭取压阀，打开排污阀清洗浮筒 —Y→ 调整校准浮筒液位计的零位

↓N

检查浮筒液位计顶部排气阀和气相连接法兰是否有泄漏 —Y→ 消除泄漏

↓N

检查玻璃液位计：取压阀处是否堵，顶部放气阀是否漏 —Y→ 消除假液位现象

↓N

仪表无故障工艺因素 —Y→ 和工艺人员商讨解决 → 液位指示正常

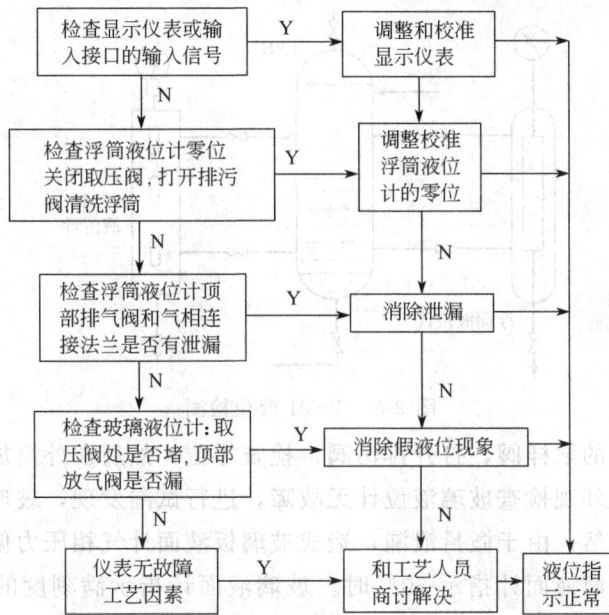

图 8-5　液位检测故障判断

1. 分析判断

铜洗塔的液位必须被控制在有效范围内，液位高出范围时，将引起压缩机带液。液位低于范围时，高压气体会进入低压系统，后果不堪设想。工艺要求该液位控制系统必须灵敏、准确、可靠。铜铵液在低温条件下易结晶，结晶体易堵塞导压管，使变送器输出信号反应迟钝甚至不变化，控制系统不能达到设计要求。

2. 处理方法

① 更换高质量的大口径一次取压阀。

② 尽量减小导压管的距离。

③ 气温低时，可安装蒸汽保温伴热。

④ 在液位容器上变送器旁边安装就地指示仪表，当仪表工巡回检查时，能及时观察液位变化情况。

⑤ 条件允许时，可更换为法兰式差变。

【例6】故障现象：生产中某塔的液位测量中发现，浮筒液面计的指示为50%，而玻璃液面计的指示为满刻度。

工艺过程及检测系统：生产运行情况正常，现场的浮筒液面计与玻璃液面计安装在同一位置，如图8-6所示。

对检测系统检查发现，室内仪表的指示值与浮筒液面计的输出一致。可以断定检测系统中信号传输与指示无故障。

1. 分析与判断

用浮筒液位计测量液位时，常常在同一位置安装玻璃板液位计，以便操作工巡检时直观地观察塔的液位。通过对工艺过程及检测系统的了解发现，故障就出在现场的浮筒液位计和玻璃液位计上。这类问题在处理时一般认为是浮筒液位计有故障，故先检查浮筒液位

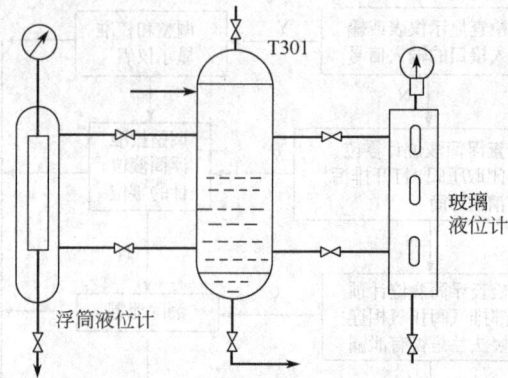

图 8-6　T-501 液位检测

计。关闭浮筒液位计的取样阀，打开排污阀，检查零位，然后在外筒加液，发现浮筒液位计工作正常无故障。外观检查玻璃液位计无故障，进行试漏发现，玻璃液面计顶部的压力计接头处泄漏。很显然，由于微量泄漏，造成玻璃板液面计气相压力偏低，液面自然就会升高，以至于造成浮筒液面计指示 50％时，玻璃液面计指示满刻度的假指示。另外，还有一种情况，当玻璃板液位计取样阀处堵塞后，塔液面下降，浮筒液位计指示随之下降，玻璃液面计内的液位不变，也会出现指示假液位的现象。

2．处理方法

拧紧气相压力表处接头，使之不漏，仪表指示正常，即两表指示一致，故障排除。

第四节　温度检测系统的故障分析与处理

一、故障分析

举例说明故障分析步骤，如有一热电偶测温元件的温度检测系统，生产中发现温度指示不正常，存在偏高或偏低、变化缓慢甚至不变化等故障。

首先了解生产状况和检测系统的组成，因为是生产中出现的故障，所以可排除补偿导线与热电偶接反或不匹配等因素，然后按图 8-7 介绍的步骤进行分析判断。

二、故障处理实例

【例 7】 一加热炉的出口温度指示偏低，且变化滞缓。

对实际状况了解得知，工艺生产正常。该指示表为温度控制系统中一块显示仪表，该系统以热电偶作为检测元件，控制变量为燃料的流量，被控变量为炉出口温度。其故障现象为：温度指示总是偏低，尤其是当控制阀开度增大时，温度指示变化迟钝。

1．分析与判断

① 当实际温度变化时，显示只是变化缓慢或偏低，基本上可以判断线路连接没问题。针对数值偏小，检查测量显示仪表的输入信号，发现与热电偶输出信号一致，说明问题可能出在热电偶上。

② 检查热电偶，发现热电偶在安装时并没有插到套管的顶端，造成热电偶的工作端与套管顶端之间有一段空隙，如图 8-8 所示。由于空气热阻大，传热性能差，存在温度梯

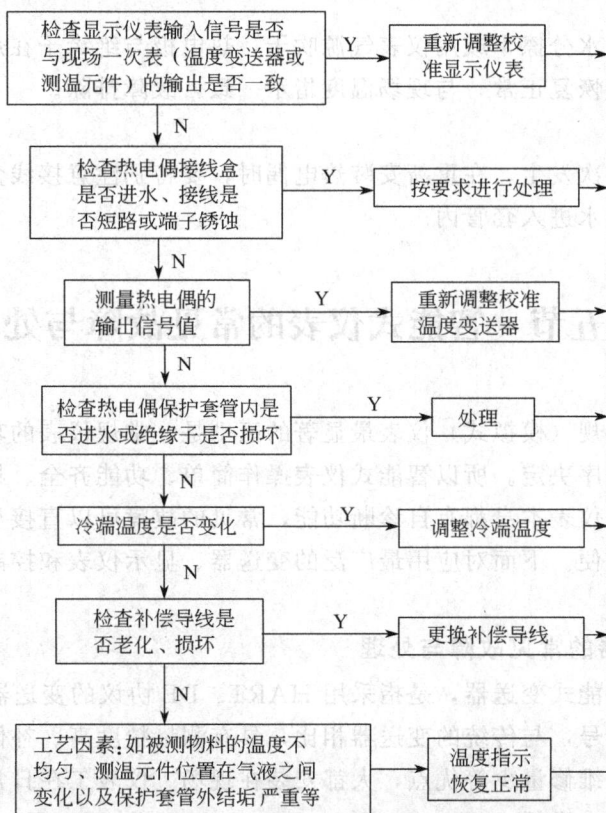

图 8-7　温度检测故障判断

度，必然会导致温度指示偏低、反应迟钝。

2. 处理方法

将热电偶安装到位，如不能，可按保护套管的长度装一支匹配的热电偶。当热电偶安装到位即热电偶的顶端与套管相碰时，温度指示恢复正常，故障排除。

【**例 8**】为测量某一装置的温度，除用热电偶为控制室提供信号外，在装置上还安装了一个双金属温度计就地指示。故障现象为：控制室内温度指示比现场温度指示低 50℃。

1. 分析与判断

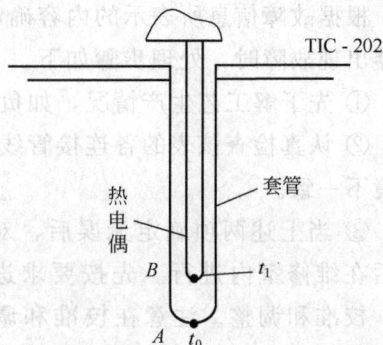

图 8-8　测温热电偶

因双金属温度计结构简单、可靠、直观，当出现故障后，了解生产正常、直观检查也未见热电偶测温系统有明显故障。因此决定从室内显示仪表入手，分析查找故障原因，显示仪表的输入信号与指示值相符，可以断定室内显示仪表无故障。现场测量热电偶的输出信号与控制室显示表的输入信号一致，说明信号传输正常，问题可能出在测温元件热电偶上。抽出热电极发现保护套管内有积水，因此会造成热电极短路。相当于热电极变短，即热电偶的工作端移到了短路处。热电偶测量的温度值为工作端的点温度，因此造成了测量点远离了实际测温点，热电偶输出的热电势数值降低，室内仪表指示值降低。

2. 处理方法

将保护套管内的水分擦干或用仪表气源吹干，热电极与绝缘子在烘箱内烘干后，重新安装。室内仪表指示恢复正常，与现场温度指示一致，故障排除。

3. 注意

为避免此故障再次发生，在重新安装热电偶时，要特别注意接线盒的密封以及补偿导线的接线，以防止雨水进入套管内。

第五节　智能式仪表的常见故障与处理

智能式仪表与常规（模拟式）仪表最显著的区别是，常规仪表的功能由结构决定，智能式仪表的功能由程序决定。所以智能式仪表操作简单、功能齐全、易于维护、精度高且故障率很小。智能式仪表本身都有自诊断功能，常见的故障可以直接显示出来，为故障的处理带来了极大的方便。下面对应用最广泛的变送器、显示仪表和控制器三类仪表分别进行介绍。

一、智能变送器的常见故障与处理

智能变送器即智能式变送器，是指采用 HART、DE 协议的变送器。这类仪表输出有数字信号也有模拟信号，与传统的变送器相比，具有测量精度高、补偿性能好、便于校准和调整、功能强大、维修量少等优点，大都安装在现场。仪表工在日常巡检时，要按照现场检测仪表的维护要求进行。

由于这类仪表本身发生故障的可能性极少，且有很强的自诊断功能。常见的故障都可在现场通信器上显示出来，当发生故障时，维修人员只要使用自诊断功能按要求逐项检查，根据故障信息所表示的内容确定故障，用相应的处理方法进行排除即可。当确定是变送器出现故障时，处理步骤如下。

① 先了解工艺生产情况，如负荷是否波动过大、生产是否稳定等。

② 认真检查该表的各连接管线及导线连接情况，仪表的工作环境等是否与正常使用环境不一致。

③ 当上述两项确定无误后，对仪表进行检查，不方便或在现场无法检查的，可更换后在维修室内进行。先按要求进行外观检查，然后用智能手操器（编程器）进行自检、校准和调整。注意在校准和调整前应对编程器进行自检，检查编程器与仪表的通讯情况，并将原有信息存入编程器。有关仪表校准和调整在其他书籍和仪表说明书中均有详细的介绍。

④ 确定故障部位后，因为大多是使用、设定方面的问题，按实际要求修改即可。若是元件或卡件方面的故障，可用备件直接更换。

注意：维修结束后，一定要重新校准一下。条件允许时，可通电运行一段时间，以便发现其他问题及时处理。

二、智能显示仪表的常见故障与处理

这类仪表大都安装在控制室内，仪表工在巡检时，要按照室内仪表的维护要求进行。特别需要指出的是，仪表工在巡检时，注意检查仪表的连线是否牢固、使用环境条件是否合乎要求等。当仪表发生故障时，应先了解生产状况，仪表的供电、连线及操作使用情况，绝大多数问题都出在这方面。当确定是仪表本身的问题时，要先利用其故障自检功能进行查找。若是硬件的问题，更换即可。若是软件和设定方面的故障，需要按要求重新设定。

如 DCY 系列智能多点检测显示记录仪，其检测点可多达 100 点，可以与热电偶、热电阻及变送器配接，显示记录温度、压力、流量、液位等参数。当仪表发生故障时，一般按下列步骤查找故障并进行处理。

① 检查电源线（保险丝）、地线及插件的连接是否可靠。

② 按复位键。

③ 检查主机是否正常，若主机有问题，按要求进行更换。

④ 检查开关箱，若主机无故障，需打开开关板上的屏蔽盒，依次检查开关电路，找出损坏的集成开关电路并更换。

⑤ 当指示正常，全部检测点存在较大误差时，可对该表重新校准，若是部分点存在较大误差，还需检查输入端子后接的保护电阻。

⑥ 条件允许时，可通电待机运行一段时间，以观察其稳定性，并确定有无未发现的潜在故障。

三、智能控制器的常见故障与处理

这里所说的智能控制器即可编程控制器与可编程控制器类，这类仪表主要构成是半导体器件，使用寿命一般都较长。定期检修时间一般是 6 个月至 1 年。定期检修时，主要检查供电电源、仪表所处的环境温度、表体是否清洁、安装有无松动、配线是否断裂等状况。

这类仪表的日常维护也十分简单。要求仪表工在巡检过程中，注意检查仪表中的经常性损耗元件的使用状况，如保险管、输出继电器、锂电池等。发现元件有故障，要及时更换。在更换前切记切断电源，安装好后再送电检查，以确保故障排除彻底。

1. PLC 的常见故障及处理方法（见表 8-1）

表 8-1　PLC 的故障及处理

异 常 现 象	原　　因	措　　施
电源指示灯不亮	保险烧断	更换保险
保险经常烧断	线路短路	检查更换故障单元
RUN（运行）指示灯不亮	电源异常或程序错误	检查更换单元或修改程序
输入全不通或不断开	输入回路不良	检查更换单元
输入不规则的通断	外部输入电压低或干扰误动作	提高电压或用屏蔽电缆线
输出都不通或不断开	负载电源没供电、输出回路不良	供电或检查更换单元
输出不规则的通断	负载电源电压过低、程序中输出指令的继电器号重复或干扰的误动作	提高电压、修改程序或采取抗干扰措施

2. KMM 调节器的常见故障与处理

KMM 调节器的故障诊断系统在每个采样周期都对运算电路和程序执行情况等检查。当仪表工作出现异常时，在 KMM 的显示窗上会显示出轻、重故障的相应代码，维护人员对照代码就可知道故障内容。当"轻故障"发生时，KMM 会自动切换至联锁手动方式，排除故障后，按复位键调节器变为手动方式。当"重故障"发生时，KMM 会停止工作，成为"后备方式"。此时可采用手动单元进行手操输出，不排除故障，不能切换到其他控制方式。

KMM 常见故障与处理总结如下。

① 故障排除后，"R" 或 "CPU. F" 灯仍不灭。

原因是程序不能正常运行，可将调节器切为备用手操器控制，拔、插一电源单元，再切回调节控制，并按复位键。

② 输入端有电压输入，测量指示为零。

原因一：折线近似处理时，要进行折点值设定。可用编程器修改 RPROMWE 为选用折线近似处理，或用数据设定器重新设定折点的 X、Y 值。

原因二：滤波常数数值设置（或变得）很大。可用数据设定器修改滤波常数到适当值，若不需进行滤波处理，则设为 0。

③ 手动状态时，输出正常。切换到自动控制状态时，输出不是最大就是最小。

原因是积分上、下限值设置不正确，可用设定器进行修改。

④ 在备用电池未装上时，经常出现控制参数完全变乱。

原因是 RAM 数据出错，可将调节器切换至备用手操控制，拔起电源单元，将初始化开关置 ON，再插回电源单元，初始化开关重新置 OFF，切回调节器控制即可。

另外，当错误代码显示运算溢出时，可检查运算单元相关的可变参数或固定参数设定值。输出反馈异常时，可首先检查模拟电流输出线路的各接线端子是否接触良好，然后检查电/气转换器接线和线圈是否接触良好。CPU 异常时，可先检查 EPROM 是否插接良好，再检查更换 CPU 板。当运算过载时，可修改编程器 EPROM 的运算周期至适当值即可。

本节内容虽然分三类对智能式仪表进行了介绍，实际上，现在智能式仪表的发展，各种类之间已没有过去那么明显了。如：应用于 FCS 控制系统中的智能式变送器，本身就带有控制功能，有的还具有显示功能。早期的无纸记录仪仅具有显示功能，而现在的无纸记录仪等显示仪表，可以直接接受现场测量元件的信号，并直接对执行器发出控制信号，是集变送、显示、控制于一体的多功能仪表。现在的 PLC 控制器也与 KMM 可编程调节器的功能相差无几。所以本节的内容还是沿用早期仪表的分类进行介绍的，但在实际中，应接合仪表的具体使用情况、本身的结构、原理要求进行维护和故障处理。

最后，需要指出的是，随着智能式仪表稳定性、可靠性的不断提高，对这类仪表的维护，生产厂家往往有较明确的使用维护要求。当仪表一旦发生故障时，生产厂家大都不允许用户直接进行维修，需送回本厂，由厂家专业人员进行维修。仪表工平时只需进行日常维护，能对故障进行判断，正确使用、更换仪表即可。

第六节 控制系统的故障分析与处理

控制系统在结构上要比检测系统复杂得多，因此故障分析与处理，也比检测系统复杂。从系统结构上看，可能出现的故障有检测方面的、控制器方面的和执行器方面的。由于执行器阀体方面的故障处理，在企业中一般由金工班负责，故本书中不再介绍。针对目前企业控制技术的发展水平，本节先从系统结构（常规仪表组成的系统）方面介绍简单与复杂控制系统的故障分析处理方法，然后介绍 DCS 系统与 FCS 系统的故障分析处理方法。当常规控制系统出现故障后，分析与处理的步骤一般是：首先全面了解该系统的组成及工艺生产状况，然后采用分段检查、逐段脱离、缩小故障范围的方法来确定故障位置。当故障位置明确后，可先用备用仪表或部件更换，若生产允许也可直接拆修。

一、简单控制系统的故障分析与处理

结合一流量控制系统的具体故障，对故障分析与处理的步骤进行介绍。

如发现流量控制系统的输入信号波动较大，维修人员应首先了解实际的工艺生产状况，如工艺介质、流程、控制参数等。然后检查了解控制系统的组成，如该系统是由一台电动差压变送器、一台控制器和带电气阀门定位器的气动薄膜执行器组成的。基本情况清楚后，按下述步骤进行分析与处理。

（1）先将控制器无扰动的切换到手动操作，观察指示是否正常。若不正常，可重新整定其 PID 参数或重新校准调整即可。

（2）控制器正常指示，则要检查差压变送器输出是否正常，若波动太大，应检查其接线端子是否松动或对该表重新进行调整校准。

（3）若变送器正常，则进一步检查其引压管线是否存在问题，如：引压管内是否存在液体汽化、灌液被冲走等。

（4）如上述全部正常，应进一步检查执行器是否存在振荡现象。

（5）当确定控制系统无故障后，应和工艺人员一道，分析工艺方面的故障。

二、复杂控制系统的故障分析与处理

由于这类控制系统较复杂，在进行故障分析与处理时，应先全面了解该控制系统和工艺状况，然后可按下面介绍的三个方面进行分析。

（1）系统设计和安装方面：系统总体设计和布局是否合理，被控变量、控制变量和辅助变量选择是否恰当，各控制系统之间是否相关，检测元件安装位置及连接管线是否合乎要求等。

（2）仪表方面：检测元件、控制阀等仪表选型不当，控制器的控制规律选择不当，各仪表之间传递信号不匹配，控制器参数整定不合适及正反作用选择错误，控制器出现积分饱和，系统中各仪表日常维护不够及时等。

（3）操作管理方面：对象特性分析得不准确，生产负荷发生变化时没能及时采取相应的措施，辅助仪表系统设置不当等。

如图 8-9 所示的串级均匀控制系统，在投运时发现，主参数液位稳定在定值，而副参

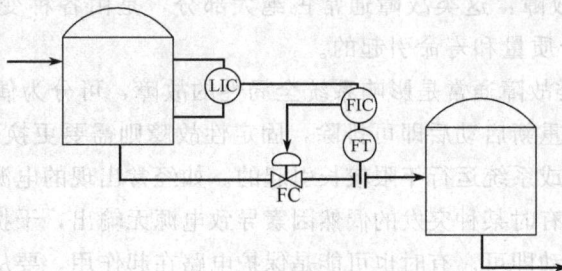

图 8-9　串级均匀控制系统

数波动较大，给后续工序造成较大干扰。

故障分析与处理：从故障现象上看，显然是控制器的参数未整定好，应按以下步骤重新整定。

① 先将液位控制器的比例度调至一个适当的经验值，然后由小到大调整流量控制器的比例度，同时观察控制过程，直到出现缓慢的周期衰减振荡过程为止。

② 将流量控制器的比例度固定在整定好的数值上，由小到大调整液位控制器的比例度，同时观察记录曲线，得到更加缓慢的周期衰减过程。

③ 根据对象的具体情况，适当给液位控制器加入积分作用，以消除干扰作用下产生的余差。

④ 观察控制过程，适当调节控制器参数，直到液位和流量两个参数均出现更缓慢的周期衰减过程为止。

三、DCS 控制系统的故障分析与处理

DCS 控制系统在工厂中已成为过程控制的核心，对 DCS 系统的维护在企业中都有严格的规定。要求仪表维护人员在做好维护工作的同时，还应当具有当系统发生故障，能迅速而准确地判断出故障点并进行处理的能力。在系统正常运行时，维护内容一般包括以下内容。

① 制定严格的 DCS 使用管理制度并认真执行。DCS 是一种精密的计算机设备，对使用者有较高的要求，如保证室内清洁，减少灰尘进入。仪器设备的使用技术要求以及巡检制度等均应以制度的形式严格规定下来，要求操作维护人员严格执行。及时检查系统运行和环境状况，一旦发现不利于系统正常运行的因素，确保能尽快消除。

② 操作站的维护和保养以及备件、维护工具的保管。操作站中的软驱、钥匙锁孔以及各种开关按钮等极易被损坏，要求操作和维护人员杜绝损害操作站的各种行为。对于系统中关键部位的设备，要有一定数量的备品、备件，实在无法留有备件的设备，要同服务商签订服务合同。维护工具一定要专人保管，防止丢失及损坏。

③ 部分 DCS 部件的紧急替换。当部分部件不能正常工作时，系统维护人员应具有及时更换部件的能力，确保系统正常运行。

④ 参数及组态的修改。当工艺状况发生改变时，要由专业人员进行系统参数及组态的修改工作。不能因为误操作而造成控制站停止等重大事故。

1. 故障分类

DCS 系统在实际运行中，故障发生的部位和产生原因，可分为以下五类。

① 现场仪表设备故障：这类故障通常占绝大部分，是由各种变送器、各种开关、执行机构、负载等的本身质量和寿命引起的。

② 系统故障：这类故障通常是影响系统全局性的故障，可分为偶然性故障和固定性故障。偶然性故障当系统重新启动后即可排除，固定性故障则需要更换硬件和软件才能排除，往往是由系统设计不当或系统运行年限较长引起的。如经常出现的电源类故障，计算机电源具有很强的保护功能，有时某种突发的偶然因素导致电源无输出，干扰过后，检查系统其他部位均正常后，重新启动即可。有时也可能是保护电路在起作用，要从负载方面去分析故障原因。不论何种因素，维护技术人员一定要找清故障原因，正确区分是偶然性故障还是固定

性故障。

③ 硬件故障：这类故障一般比较明显且影响也是局部的，是由于系统中的模板使用不当、时间较长或模板内元件老化引起的。

④ 软件故障：是由软件本身的错误引起的，可分为系统软件故障和应用软件故障两类。系统软件故障是由于当初设计不周，在运行中造成的停机和死机等现象，此类故障一般很少出现。应用软件故障在实际运行中难以避免。由于应用软件比较复杂，要求在系统调试和运行中仔细观察，一旦发现及时上报技术人员进行处理。

⑤ 操作、使用不当故障：这类故障在初次使用系统时较常见，是由于操作人员操作不熟练或操作错误引起的。常常是系统的某功能不能使用或某控制部分不能正常工作等，而系统本身并没有发生故障。

2. 故障分析定位法

DCS 系统能及时对挂在总线上的各回路进行周期诊断。当异常现象出现时，即可在 CRT 上显示报警故障发生的位置。在具体处理故障前要先检查一下，有无危害性故障，如电源异常、负载短路等引起的元件损坏的故障。然后根据显示的故障信息进行排除。维修人员常用的分析判断方法有以下几种。

① 直接判断法　根据显示的故障信息以及故障发生的记录，直接分析、判断产生的原因和故障部位。

② 外部检查法　也称为观察法，维修人员可通过认真查看故障位置的外部状况，如插头松动、断线、碰线、元件发热烧坏、脱焊等，来发现故障位置。

如某系统供电开关电源无直流输出，检查发现保险丝熔断、滤波电容炸裂，更换这两个损坏元件后，供电恢复正常。

③ 替换法　用备件或同样的插卡件或元件，替换怀疑件，进行比较，快速确实故障位置。该法在查找系统的故障原因和排除故障时，非常快捷、有效。

如某 DCS 系统的指示部分经常出现部分和全部报警，直观检查和外部检查没有发现问题，开始怀疑是 CPU 板或 RAM 有问题，替换检查这两块板无故障。然后替换 FIO 操作面板，故障排除。

④ 分段查找法　当故障范围不能准确判定时，可对故障相关的部件、线路进行分段，然后逐段检查、测试、替换等。

⑤ 隔离法　将某些部件或线路暂时隔离开，然后逐步缩小检查范围。这种方法特别适合于检修有短路故障或总电流超出正常值的卡件板。

如某系统 2 号操作台接口卡，键盘操作不响应，显示部分无变化。将接口卡隔离供电，检查发现总电流达 1.5A，超过正常额定电流三倍。进一步检查，断定为 74LS151 损坏，更换后故障排除。

⑥ 故障图法　又称经验法，是将常见故障的判断方法和维修方法。应及时总结成流程图的形式，这样一来，一旦系统出现故障，就可以直观地判断故障点，不必重复分析故障过程，可以减少排除故障的时间。

3. 故障分析处理的一般步骤

（1）检查系统的使用情况。如供电、接线、安装有无异常，现场操作是否错误等。

（2）确认故障是出于现场仪表设备还是 DCS 系统本身。

（3）故障在 DCS 系统本身时，进一步确定是硬件故障还是软件故障；若是硬件故障则找出更换即可。在对系统的各组成部分进行检查时，一定要按具体要求进行。如对 RS3 DCS 的现场接口卡笼检查时，应注意如下事项。

① 插、拔各模拟量卡或接点卡时，必须带好接地环，以防止静电损伤卡件上的电气元件。

② 定时检查接点卡的冗余状态。

③ 在现场拆装仪表连线时，要将保险丝拿掉。待现场仪表接线安装后，检查无误，再逐个将保险丝插回。

④ 在系统运行时，允许带电插拔模拟卡和接点卡。要拔 FEM 卡时，必须断开电源。

（4）若是软件故障，要继续确定是系统软件还是应用软件。当系统软件有故障时，先重启看能否恢复，若不能，则重新装载系统软件，然后重启即可。若是应用软件有故障，则要认真检查用户编写的程序和组态的所有数据，找出故障原因进行修正。

（5）要充分利用系统的自诊断功能来分析和判断故障的部位和原因。

4. 故障处理实例

【例 9】 RS3 DCS 控制文件柜上的卡件出现故障。

处理步骤如下。

① 先关掉存储器上的电源，然后关掉有故障卡件上的电源。

② 根据系统自诊断功能显示的故障信息及报警信息的提示，检查处理故障。

③ 将已排除故障的卡件按要求沿卡槽插好，然后先打开该故障卡件的电源开关，再打开存储器卡件上的电源开关。

④ 当故障排除后，原故障卡上的红色灯灭，绿色灯亮，黄色灯闪烁。系统恢复正常运行状态。

在处理过程中，注意以下两点。

① 插拔卡件时，先断电并带好接地环，然后再插拔卡件。

② 存储器上卡件出现故障时，不能插拔其他无故障卡件。因为其他卡件能正常工作，并储存了组态控制信息，插拔后，会导致存储信息无法恢复。

【例 10】 某 DCS 控制站中的 DI 开关卡频频出现损坏。

故障分析处理：实际了解后得知，该卡为多点卡，整个卡的损坏可能是由个别点的损坏造成的。对坏卡仔细检查发现，均为输入开关管击穿损坏。接合控制实际确定，坏点大多是接收来自电气开关室的电机状态信号。再进一步了解发现，在开关卡输入端叠加有数百伏的静电电位，这就是造成开关管击穿的原因。处理方法比较简单，只要在卡的输入端并联一个恰当的电容器给交流扰动电压提供一个通路，防止静电电位的积累即可。另外，对于来自开关室的状态信号，由于干扰造成的叠加电位比较高，可采用开关栅方式或微型继电器进行隔离，这样扰动电压就不会对输入开关管形成冲击，DI 开关输入卡也就不会再出现类似的损坏故障了。

【例 11】 在对某催化车间 TDC3000 系统正常点检时，系统维护人员发现系统 LCN-A 经常处于挂起状态，无法正常工作，UCN 网络工作正常。

分析与处理过程如下。

① 首先检查系统错误记录，发现 US04 节点有频繁的报错信息。

US04 LCN DREVER 000 SLOT 000 CMD REG 0200 NODE 000001 SECD 019 0005 0000 16

US04 $ $ WATCHDOG COMMUNICATE TIMEOUT NODE 01 02

US04 $ $ NODE ADMIN SOFTWARE 00540456 005404FB 00540C1C 30 43 LP00 01

根据以上信息，初步断定故障点应在 US04 节点，很可能为 LCN A 某处接触不良或其 CLCN-A 接口卡出现故障，决定对该节点进行检查。

② 全面检查 US04 的 LCN 网络，并重点检查了网络电缆及节点接头的连接状况，未发现异常。

③ 将 US04 节点 SHUT DOWN 并下电，拆除 LCN-A 的连接电缆，对系统进行观察，发现系统故障排除。由此，可以肯定 US04 节点为故障点。

④ 更换 US04 节点的 CLCN-A 接口卡，US04 节点重新启动，观察发现故障排除。

【例 12】某常减车间 ABB 公司 MOD300 系统的操作站显示发生了故障。

分析与处理：造成显示故障原因有显卡、视频线或显示器硬件故障三种。分别进行检查。

① 交换显示器进行检查，故障没有消除。

② 交换显示卡进行检查，故障仍然没有消除。

③ 检查接头，没有异常。进一步交换视频线进行检查，显示恢复。确定故障在视频线上后，仔细检查视频线，发现该线在显示器处有磨痕。剥开磨痕处外皮检查，发现线芯已经折断。重新焊接处理，显示恢复。

四、现场总线控制系统（FCS）的故障与处理

由于该系统是顺应智能现场仪表发展，由 DCS 或 PLC 脱胎发展而来的一种开放性、全分散性与全数字通信的系统。系统的两个重要组成部分是智能传感器和现场总线。所以系统维护将变得十分简单。日常维护可以从两个方面进行：一是网络的正常维护，可参见一些网络的维护要求；二是网络中所有仪表的日常维护，在前文中已进行了全面介绍。本节针对 FCS 的自身特点，简单介绍一下故障处理的思路。

现场总线有足够的信息提供用户选用，如：功能模块组态、参数状况、诊断和验证数据、设备材质和过程条件等。维修人员只要对这些信息进行综合处理和诊断，就可以对现场设备进行预防性维护，或对参数进行调整和标定。这样操作人员就能在故障发生之前采取措施，减少意外停车等险情发生，当故障发生之后，报警机制会立刻通知操作人员发生故障的部位和设备，维修人员只要根据报警显示，按要求进行处理即可。

第七节　可燃有毒气体检测报警器日常维护

在化工生产中，常常使用一定数量的可燃有毒气体检测报警器来确保安全生产。这类仪表的工作原理多采用催化接触氧化燃烧、金属氧化物半导体吸附、红外线气体吸收、隔膜电极比较以及电化学原电池等，在结构组成上，已远远超出了单一仪表，可视为一检测报警系统。考虑到其应用的广泛性和独立性，本文对该类仪器的完好标准、巡回检查的要求和维护三个方面进行介绍。

一、完好标准

参考相应仪器的维护检修规程，如 HG 25518—91《可燃、有毒气体检测报警器维护检修通用规程》要求完好标准如下。

（1）整机及零部件完整，符合技术要求。

① 仪表零部件、附件齐全完好。

② 仪表铭牌清晰。

③ 紧固件无松动、不泄漏、不堵塞，接插件接触良好，可动件调节灵活自如。

④ 现场防爆仪表符合防爆要求。

（2）运转正常、性能良好，符合使用要求。

① 吸入式仪表的取样装置及预处理系统运转正常，经处理后的泄漏气体能满足仪表安全稳定运行的要求。

② 仪表零点和下限报警值准确，反应灵敏。

③ 仪表运行质量应达到该类仪器所规定的技术性能指标。

（3）设备及环境整齐、清洁，符合工作要求。

① 仪表外壳无油污，油漆无剥落，无明显损伤。

② 仪表现场所处环境无强烈振动，无腐蚀或腐蚀性弱，清洁干燥，符合仪表安全运行的要求。

③ 仪表管路、电缆敷设、排列整齐。

二、巡回检查

① 观察仪表电源及其工作状态是否正常。

② 有显示、记录仪的，应观察其指示是否正常。

③ 检查吸入式仪表吸入气体的压力和流量是否达到规定数值。

④ 对于重点检查的仪表或有特殊规定检查内容的，要按规定的要求进行。

⑤ 巡检中若发现不能处理的故障应及时报告，危及仪表安全运行的要及时采取应急措施，并通知工艺人员。

⑥ 做好巡检记录。

三、定期维护与故障处理

1. 定期维护

① 吸入式仪表的吸入口一个月检查、清洗一次。

② 仪器中的扩散口、抽吸泵、喷射器、过滤器、转子流量计等三个月检查、清洗一次，该注油的及时注油。

③ 仪表中电路、声、光报警，显示、记录仪等，6 个月检查一次。

2. 故障处理

这类仪表可能出现的故障及处理方法见表 8-2。

表 8-2 可燃、有毒气体检测报警器故障处理

现 象	原 因	处 理 方 法
仪表无指示或指示偏低	未送电或保险丝断 电路损坏、开路或接触不良 检测元件因污染、中毒或使用过久失效 检测器损坏 扩散式或吸入式仪表过滤器堵塞 记录器或输出表头损坏	检查供电源及保险丝 检查电路 更换新的检测元件 万用表检查确认后更换 检查过滤器,清洗,排堵 检查、修复
指示不稳定	检测器的安装位置不恰当(风口或振动) 检测器元件局部污染 过滤器局部堵塞 电路接触不良,端子松动或放大器噪声 供电不稳定,纹波大或接地不良 电缆绝缘下降或未屏蔽	更改检测器安装位置 更换检测元件 检查清洗过滤器芯 检查电路接插件及端子 检查电源及纹波,检查接地线 兆欧表检查确认,改用屏蔽电缆
指示值偏至最大	现场大量泄漏 检测元件损坏 检测器参比元件损坏 电路故障 未校准好仪表 校准气不标准 检测器中进入了脏物或液滴	确认后配合工艺紧急处理 更换检测元件 更换参比元件 检查和修复电路 重新校准仪表 用精度更高仪器检查和确认 检查检测器,清洗,烘干
仪表时而报警时而正常	现场检测点附近时而大量泄漏 检测器安装位置在风口或气流不稳的地方 检测环境存在使检测元件中毒的组分 检测器进入脏物或液滴 检测元件或参比元件接触不良 放大器电路故障 电路供电异常 现场大量泄漏而过滤器局部堵塞	配合工艺检查确认 更改检测器安装位置 用实验室仪器检查确认 检查检测器,清洗、烘干 检查端子和接线 检查电路故障,修复 检查供电电压及纹波,修复 清洗过滤,配合工艺紧急处理现场

思考与复习题

1. 谈一下压力检测系统的故障分析步骤?

2. 当流量检测系统出现故障后,如何进行故障分析?

3. 举例说明如何进行温度检测系统的故障分析与处理?

4. 介绍实习过的企业中某块智能式仪表,谈一谈对这类仪表的维护。

5. 介绍一实际的 DCS 操作站的维护内容。

6. DCS 系统在实际运行中,按故障发生的部位和产生原因可分为哪几类?

7. DCS 系统出现故障后,维修人员的常用分析判断方法有哪几种?

8. DCS 系统出现故障后,维修人员进行故障分析处理的一般步骤是怎样的?

9. 谈一谈做好对可燃有毒气体检测报警器日常维护的重要性?

附录　常用工具

(1) 钢丝钳	6″~8″（150~200mm）	(27) 扁锉	6″（150mm）细齿
(2) 斜嘴钳	5″（130mm）	(28) 方锉	6″（150mm）中齿
(3) 尖嘴钳	5″（130mm）	(29) 三角锉	6″（150mm）中齿
(4) 偏口钳	5″（130mm）	(30) 半圆锉	6″（150mm）中齿
(5) 剥线钳	140，180mm	(31) 木锉	12″（300mm）
(6) 手虎钳	1″（25min）	(32) 板牙	M1~6，M2~6
(7) 台虎钳	4″（100mm）	(33) 圆锉	6″（150mm）
(8) 管子台虎钳	1 号（10~73mm）	(34) 板牙扳手	2~6mm
(9) 管钳子	6″~12″（20mm×150mm~	(35) 丝锥	M1~6，M2~6
	40mm×200mm）	(36) 丝锥扳手	2~6mm
(10) 电工刀	88mm，112mm	(37) 螺纹卡	公制60°，英制55°
(11) 铁皮剪子	2 号	(38) 钢板尺	1 50mm、300mm、
(12) 割管刀	φ6		500mm
(13) 木把螺丝刀	2″~6″（50mm×2mm~	(39) 钢卷尺	2m
	125mm×6mm）	(40) 直角尺	
(14) 胶把螺丝刀	1½″~3″	(41) 水平尺	
(15) 十字花螺丝刀	1½″~4″	(42) 卡钳	内、外卡
(16) 钟表起子	1~6 号	(43) 钳工划规	中号
(17) 活扳子	4″和6″（14mm~100mm	(44) 冲子	尖
	和 19mm~150mm）	(45) 凿子	扁形、窄形
(18) 活扳子	8″和15″（24mm~200mm	(46) 麻花钻头	φ1~10mm
	和 46mm~375mm）	(47) 射钉枪	φ8mm
(19) 单头扳子	18 件	(48) 钢锯	可调整式
(20) 双头扳子	6件、8件、10件	(49) 钳工手锤	0.5~1kg
(21) 两用扳子	6件、8件、10件	(50) 铜锤	0.5kg
(22) 套筒扳子	6件、9件、10件、	(51) 木锤	小号
	13件、17件	(52) 弯管器具	1/2″、3/4″、1″
(23) 梅花扳子	6件、8件	(53) 打孔器	6 件
(24) 内六角扳子	13 件	(54) 试电笔	100~500V
(25) 线锤	0.2kg、0.3kg、	(55) 电烙铁	20W、75W、100W
	0.4kg、0.5kg	(56) 图形组冲	26 件
(26) 板锉	6″（150mm）中齿		

主要参考文献

1 方卫东主编．仪表安装与维修．北京：化学工业出版社，2000
2 中国石油和化学工业协会．自动化仪表工程施工及验收规范．GB 50093—2002．北京：中国计划出版社，2003
3 化工部自动控制设计技术中心站．自控安装图册．HG/T 21581—95
4 邹益仁，马增长，浦维编著．现场总线控制系统的设计和开发．北京：国防工业出版社，2003
5 乐嘉谦主编．仪表工手册．北京：化学工业出版社，2004
6 王丹均，王耿成编．仪表维修工．北京：化学工业出版社，2004
7 王常力，罗安编．集散型控制系统的选型与应用．北京：清华大学出版社，1996

内　容　提　要

　　本书共分两篇，主要介绍了仪表的安装与维护。第一篇具体介绍仪表施工过程、仪表识图、仪表辅助设备制作与安装，仪表管道、线路安装，仪表一次元件与取源部件安装，集散系统、现场总线系统安装，仪表试验和工程交工验收等。第二篇主要介绍仪表维护，包括维护工作内容、标准，仪表故障分析与处理。每篇后均附有相应的习题和思考题。

　　本书可作为高级技校、中等职业学校生产过程自动化技术专业的教材，也可作为化工、炼油、石化、电力、冶金、轻工等行业仪表工人的培训教材。